S

ISBN : 978-2-7540-5999-2
Dépôt légal : août 2014

Directrice éditoriale : Marie-Anne Jost-Kotik
Édition : Charlène Guinoiseau
Relecture : Florence Fabre
Charte de couverture : Joséphine Cormier
Couverture : Olivier Frenot
Mise en page : Sophie Boscardin
Imprimé en Italie

Éditions First, un département d'Édi8
12, avenue d'Italie
75013 Paris – France
Tél. : 01 44 16 09 00
Fax : 01 44 16 09 01
E-mail : firstinfo@efirst.com
Internet : www.editionsfirst.fr

Julien Soulié

Trucs et astuces pour écrire sans fautes

FIRST Editions

Sommaire

Introduction

L'orthographe est le plus souvent perçue comme un pensum, une espèce de fardeau que l'on traîne depuis sa prime jeunesse et que l'on continue, vaille que vaille, de porter à l'âge adulte... C'est à double titre qu'elle pâtit de cette mauvaise réputation :
• Socialement, il est pénalisant d'avoir une mauvaise orthographe – honte à qui ne maîtrise pas ses accords ou ses doubles consonnes !
• Ses nombreuses difficultés et irrégularités la font vivre à bien des locuteurs et des scripteurs comme une épreuve, un supplice, un martyre... encore accentué par le cadre rigide que lui imposent les apprentissages scolaires !

Bref : un traumatisme !

Cet opuscule a pour but de battre en brèche ces deux conceptions :
• Tout d'abord, il ambitionne de **dé-dra-ma-ti-ser l'orthographe** : tout le monde fait des fautes, tout le monde doute, même les meilleurs ! Aussi n'y a-t-il nul déshonneur à se tromper... En revanche, l'envie de progresser, la motivation pour se

corriger, en toute décontraction et sans autoflagellation : là réside le premier pas vers l'excellence orthographique ;

• Pour ce faire, il faut à tout prix **décomplexer face à l'orthographe : réussir, c'est possible** ! Cet ouvrage a donc vocation à proposer, d'une manière simple, concise, pratique et accessible, quelques recettes et de nombreuses ficelles pour ne plus commettre d'impair linguistique.

1

On ne sait jamais le dire !

Trucs pour mieux prononcer et s'exprimer

Que celui qui n'a jamais hésité sur la prononciation de tel ou tel mot nous jette le premier dico de phonétique !

Cette première partie est consacrée aux erreurs de prononciation, de syntaxe et de vocabulaire en tout genre, très courantes et facilement évitables. À chaque fois que cela sera possible, un petit « truc » ou une phrase mnémotechnique vous aidera à ne plus vous tromper. Bien prononcer, c'est presque déjà bien écrire...

CHAPITRE 1

Vingt astuces pour ne plus les écorcher

Nous sommes volontiers enclins, quant à la prononciation, à rapprocher indûment certains mots d'autres termes qui leur ressemblent... mais avec lesquels ils n'ont en réalité rien à voir !

Voici les plus fréquents de ces « écorchés »... et les remèdes pour les soigner !

ABORIGÈNE

☹ **L'ERREUR** : Déformer en *arborigène.*

LA RÈGLE : Ce nom n'a rien à voir avec les arbres !

✲ **LE TRUC** : L'aborigène a l'*r* d'être abonné.

AÉROPORT

☹ **L'ERREUR** : Dire *aréoport.*

☺ **LA RÈGLE** : Le préfixe *aér(o)-* se retrouve dans de nombreux mots : *aéroport, aérostat, aérogare, aérodrome, aéroclub...*

✲ **LE TRUC** : L'aéroport n'est pas à un mot à erreur.

ARÉOPAGE

☹ L'ERREUR : Dire *aéropage*.

☺ **LA RÈGLE :** *Aréopage* (la colline de... *Arès*) est le seul mot, avec *aréomètre* (appareil de mesure), à commencer par *aréo-*.

✲ LE TRUC : L'Aréopage croyait en Arès.

ANTÉDILUVIEN

☹ L'ERREUR : Dire *antidiluvien*.

☺ **LA RÈGLE :** L'adjectif *antédiluvien* (« qui date d'avant le déluge ; très ancien ») est formé sur le préfixe latin *ante-*.

✲ LE TRUC : Ce château antédiluvien est hanté.

CAPARAÇON, CAPARAÇONNER

☹ L'ERREUR : Déformer en *carapaçonner*.

☺ **LA RÈGLE :** Ne pas inverser les consonnes : *caparaçon* et *caparaçonner* viennent de *capa* (par l'espagnol) et non de *carapace*.

✲ LE TRUC : La cape caparaçonne le capitaine.

COMMISSARIAT, SECRÉTARIAT

☹ L'ERREUR : Déformer en *commissairiat, secrétairiat.*

☺ **LA RÈGLE :** Les noms formés sur le suffixe *-aire* donnent *-ariat : commissariat, secrétariat, prolétariat, fonctionnariat, salariat...*

✲ LE TRUC : Que d'arias au commissariat !

DÉTONNER

☹ L'ERREUR : Confondre avec son paronyme *dénoter.*

☺ **LA RÈGLE :** Les deux verbes existent bien :
Détonner signifie « ne pas être dans le ton, jurer ».
Dénoter, c'est indiquer quelque chose, le révéler par différents indices : *Ses réflexions dénotent une sale mentalité.*

✲ LE TRUC : Qui détonne en fait des tonnes.

DILEMME

☹ L'ERREUR : Déformer en *dilemne.*

☺ **LA RÈGLE :** Contrairement à *indemne*, il n'y a pas de *n* dans *dilemme.*

✲ LE TRUC : Face à un dilemme, toujours choisir ce qu'on *m* !

DIGRESSION

☹ L'ERREUR : Déformer en *disgression.*

☺ **LA RÈGLE :** Le nom *digression* (« propos qui s'écarte du sujet ») ne prend pas de *s.*

✲ LE TRUC : Tout ce qu'il *di* est digression.

FILIGRANE

☹ L'ERREUR : Déformer en *filigramme.*

☺ **LA RÈGLE :** Ce mot n'a rien à voir avec *gramme* ; en revanche, il est de la famille de *grain* : on prononce donc *filigrane.*

✲ LE TRUC : Le filigrane ne vaut pas un gramme !

FRUSTE

☹ L'ERREUR : Déformer en *frustre.*

☺ **LA RÈGLE :** Cet adjectif n'a rien à voir avec *frustrer* ni avec *rustre* ; il signifie : « mal dégrossi, balourd, inculte ».

✲ LE TRUC : Auguste est juste fruste.

INFARCTUS

☹ L'ERREUR : Déformer en *infractus.*

☺ **LA RÈGLE :** Ce nom n'est pas relié étymologiquement à *infraction.* Il sied donc de bien le prononcer *in-farc-tus.*

✲ LE TRUC : Un infarctus, ce n'est pas une farce !

MALIGNE

☹ L'ERREUR : Déformer en *maline.*

☺ **LA RÈGLE :** L'adjectif *malin* fait au féminin *maligne* (comme *bénin* = *bénigne*).

✲ LE TRUC : Si elle fait la maligne, je l'aligne !

OBNUBILER

☹ L'ERREUR : Déformer en *omnibuler, omnubiler.*

☺ **LA RÈGLE :** Ce verbe a une très jolie origine : il vient de la préposition latine *ob* et du nom *nubes* « nuage » et signifie « être caché par les nuages ». Celui qui est obnubilé a l'esprit « embrumé » par une obsession.

✲ LE TRUC : Cet obstacle l'obnubile.

OPPROBRE

☹ L'ERREUR : Déformer en *opprobe*.

☺ **LA RÈGLE :** Ce nom n'ayant rien à voir avec *probe*, n'omettez pas les deux *r*, de part et d'autre du *b*, dans ce nom qui signifie « honte, humiliation publiques ».

✲ LE TRUC : Qui est sobre n'encourt pas l'opprobre.

ORTHODONTISTE

☹ L'ERREUR : Déformer en *orthodentiste*.

☺ **LA RÈGLE :** Ce nom est formé sur deux racines grecques : *orthos* (« droit, juste ») et *odontos* (« dent »). Ne mélangeons donc pas racine grecque et racine latine, sinon on risque de garder une... dent contre vous !

✲ LE TRUC : Cet orthodontiste est un vrai mastodonte !

PÉRÉGRINATION

☹ L'ERREUR : Déformer en *périgrination*.

☺ **LA RÈGLE :** Ce nom est formé sur le latin *peregrinatio* et n'a rien à voir avec le préfixe *péri-* (comme dans *périple*). Il convient donc de bien prononcer ses deux *é*.

✲ LE TRUC : Je *hais* les pérégrinations.

RASSÉRÉNER

☹ L'ERREUR : Déformer en *rassénérer.*

☺ **LA RÈGLE :** Ce verbe est dérivé de l'adjectif *serein* : *rasséréner* quelqu'un, c'est l'apaiser, le rassurer, lui apporter la sérénité.

✲ LE TRUC : Les sérénades me rassérènent.

RÉMUNÉRER

☹ L'ERREUR : Déformer en *rénumérer.*

☺ **LA RÈGLE :** Ce verbe n'a rien à voir avec *numéro* ; il remonte au latin *muneris* « cadeau » et il convient donc de ne pas inverser le *m* avec le *n.*

✲ LE TRUC : Le patron vient muni de sa rémunération.

JE VOUS SAURAIS GRÉ

☹ L'ERREUR : Déformer en *je vous serais gré.*

☺ **LA RÈGLE :** Dans cette expression, il s'agit du verbe *savoir* conjugué au conditionnel, et non du verbe être.

✲ LE TRUC : Je vous saurais gré de régler mon sort.

CHAPITRE 2

Cinquante astuces pour mieux s'exprimer

Souvent influencés par les médias, par l'anglais ou par des rapprochements avec d'autres constructions, certains mots et certaines structures syntaxiques se voient utilisés à mauvais escient : c'est ce que l'on appelle des solécismes (lexicaux ou grammaticaux).

Voici le « top 20 » des maladresses à éviter impérativement !

ACCAPARER

☹ L'ERREUR : Faire d'*accaparer* un verbe pronominal : *s'accaparer*.

☺ **LA RÈGLE :** Le verbe *accaparer* n'existe pas à la forme pronominale : on *accapare* quelque chose, éventuellement quelqu'un.

✱ LE TRUC : J'accapare Jacques à part.

APRÈS QUE

☹ L'ERREUR : Construire *après que* avec le subjonctif (*après qu'il soit venu*).

☺ **LA RÈGLE :** Contrairement à *avant* que, la locution *après que* indique que l'action a déjà eu lieu : à ce titre, elle se construit très logiquement avec le mode indicatif (et plus particulièrement avec les temps composés) : *Nous sommes partis après qu'il est venu.*

✲ LE TRUC : Après qu'on a mis *après que*, l'action a déjà eu lieu.

CHEZ LE COIFFEUR

☹ L'ERREUR : Dire *au coiffeur.*

☺ **LA RÈGLE :** On doit dire *chez le coiffeur, le boucher, le médecin...* même si on ne va pas réellement chez eux !

✲ LE TRUC : Le coiffeur chez qui je vais coupe les cheveux en quatre.

DE... DONT

☹ L'ERREUR : Dire *C'est de cela dont je veux parler.*

☺ **LA RÈGLE :** Le pronom relatif *dont* signifie déjà « de qui, de quoi, duquel » ; il est donc inutile et même fautif de l'annoncer par un *de* superflu ! On dira donc en toute correction : *C'est de cela que je veux parler* ou *C'est cela dont je veux parler...* Et nul besoin d'en rajouter.

✲ LE TRUC : Un *dont* ne se fait jamais par *de*.

DÉBUTER

☹ L'ERREUR : Faire de *débuter* un verbe transitif direct (avec un COD) : *Les bleus ont mal débuté leur match.*

☺ **LA RÈGLE :** *Débuter* est un verbe intransitif, c'est-à-dire qu'il ne se construit pas avec un COD, contrairement à *commencer, entamer.* On devra donc dire : *Les bleus ont mal commencé leur match* ou *Le match des bleus a mal débuté.*

✲ LE TRUC : Si je débute une phrase, elle débute mal !

D'ICI À TRENTE MINUTES

☹ L'ERREUR : Dire *Je reviens d'ici trente minutes.*

☺ **LA RÈGLE :** On doit dire *Je reviens d'ici à trente minutes* : je compte à partir d'ici (jusqu') à trente minutes. La préposition *à* est donc nécessaire à la correction de cette tournure.

✲ LE TRUC : D'ici dix minutes, il ne sera pas l'*à*.

ENJOINDRE

☹ L'ERREUR : Dire *La DRH lui a enjoint de venir dans son bureau.*

☺ **LA RÈGLE :** *Enjoindre* est transitif direct : on *enjoint* quelqu'un de faire quelque chose. On dira donc : *La DRH l'a enjoint(e) de venir dans son bureau.*

✲ LE TRUC : Il enjoint ses amis de le joindre.

UNE ESPÈCE DE

☹ L'ERREUR : Dire *un espèce d'idiot.*

☺ **LA RÈGLE :** Le nom *espèce* étant féminin, il convient de dire *une espèce*, même si le nom qui suit est du masculin : *une espèce d'idiot.*

✱ LE TRUC : Tout journal a une espèce de *une.*

ESPÉRER QUE

☹ L'ERREUR : Construire *espérer que* avec le subjonctif (*nous espérons qu'il soit en forme*).

☺ **LA RÈGLE :** Contrairement à *souhaiter*, le verbe *espérer* (dont l'affirmation est plus positive, plus forte) régit l'indicatif : *Nous espérons qu'il est/sera* en forme. En revanche à la forme négative ou interro-négative, le subjonctif s'impose : *Je n'espère pas qu'il revienne de sitôt ! N'espères-tu pas qu'il réussisse ?*

✱ LE TRUC : J'espère que tu n'utiliseras pas le subjonctif !

ET AUTRES...

☹ L'ERREUR : Employer *et autres* en introduisant un nom qui n'englobe pas les noms précédents (*La viande, le poisson et autres légumes sont devenus très chers*).

☺ **LA RÈGLE :** Cette locution très en vogue ne peut s'employer que si elle est suivie d'un nom générique englobant les noms précédents : ***Les brocolis, les épinards et autres légumes verts sont bons pour la santé.***

✲ LE TRUC : Les autres répètent toujours ce qui précède.

J'AI ÉTÉ AU CINÉMA

☹ L'ERREUR : Employer *j'ai été* comme passé composé du verbe *aller* (*Hier, j'ai été au cinéma*).

☺ **LA RÈGLE :** Le verbe aller au passé composé fait ***je suis allé*** : ***Hier, je suis allé(e) au cinéma.***

✲ LE TRUC : J'ai été malade, je suis allé chez le médecin.

LE DÉSORMAIS TRÈS PROBABLE...

☹ L'ERREUR : Antéposer l'adjectif épithète (sous influence de l'anglais) : *Le désormais très probable candidat à l'élection.*

☺ **LA RÈGLE :** En français, la plupart des adjectifs qualificatifs se placent après le nom ; l'antéposition de certains répond à des règles subtiles, notamment d'euphonie. En tout cas, ne cédez pas à la mode journalistique de placer systématiquement l'adjectif (voire le groupe adjectival !) avant le nom et dites plutôt :
Le candidat désormais très probable à l'élection.

✲ LE TRUC : Le souvent très utilisé adjectif se met derrière !

MALGRÉ QUE

☹ L'ERREUR : Utiliser la locution *malgré que.*

☺ **LA RÈGLE :** Bien qu'elle soit employée par les meilleurs auteurs (notamment Proust : « Je compris alors que jamais Noé ne put si bien voir le monde que de l'arche, *malgré qu'*elle fût close et qu'il fît nuit sur la terre. »), la locution *malgré que* vous est fortement déconseillée ; préférez-lui *bien que, quoique ou encore que.* Toutefois, il existe un cas où cette locution est autorisée – et même bienvenue, car elle relève d'un niveau de langue littéraire : *l'expression malgré que j'en aie (que tu en aies, qu'il en ait...),* qui signifie « malgré mes réticences, mes doutes ».

✲ LE TRUC : *Malgré* ne se retrouve jamais en *que.*

PALLIER

☹ L'ERREUR : Dire *pallier à*.

☺ **LA RÈGLE :** Le verbe *pallier* (atténuer, résoudre provisoirement) est obligatoirement transitif direct : *Nous avons pallié le manque d'effectif.*

✲ LE TRUC : Il faut toujours pallier directement.

SANS QUE

☹ L'ERREUR : Utiliser *sans que* avec *ne* : « Le lieutenant répondit militairement au salut **sans qu'**aucun muscle de sa figure **ne** bougeât. » (Proust)

☺ **LA RÈGLE :** La conjonction de subordination *sans que* contient déjà l'idée de négation ; il est donc superflu de lui ajouter un *ne* tout à fait importun : *Nous y arriverons très bien* sans qu'il y ait *aucune aide.*

✲ LE TRUC : Pas besoin de se faire des *ne* avec *sans que* !

S'EN ALLER

☹ L'ERREUR : Dire au passé composé *il s'est en allé.*

☺ **LA RÈGLE :** Aux temps composés, le pronom *en* doit en toute logique se placer entre le pronom réfléchi *se* et l'auxiliaire être : *Il s'en est allé.*

✲ LE TRUC : Elle s'en est allée, il s'en est souvenu.

S'ENSUIVRE

☹ L'ERREUR : Séparer le préfixe du radical, aux temps composés : *Il s'en est suivi une bagarre générale.*

☺ **LA RÈGLE :** Conjugué aux temps composés, ce verbe pronominal impersonnel doit rester intact et surtout ne pas se voir démembrer : *Il s'est ensuivi une bagarre générale.*

✲ LE TRUC : C'est en suivant que s'écrit *ensuivi.*

SE RAPPELER

☹ L'ERREUR : Faire de *se rappeler* un verbe transitif indirect : *Je me suis rappelé de mes amours de jeunesse.*

☺ **LA RÈGLE :** Contrairement au verbe *se souvenir (de)*, le verbe *se rappeler* est transitif direct : *Je me suis rappelé mes amours de jeunesse.* Cette règle... souvenez-vous-en, mais rappelez-vous-la !

✲ LE TRUC : On se rappelle tout seul, jamais à *de.*

TANT S'EN FAUT

☹ L'ERREUR : Déformer *tant s'en faut* en *loin s'en faut.*

☺ **LA RÈGLE :** Cette locution signifiant « bien au contraire, loin de là » ne doit pas être déformée en *loin s'en faut* (l'adverbe *loin* ne pouvant être sujet d'un verbe).

✲ LE TRUC : *S'en faut*, on ne va pas loin !

VITUPÉRER

☹ L'ERREUR : Utiliser la tournure *vitupérer contre* (*Il vitupère contre son patron*).

☺ **LA RÈGLE :** Ce verbe relevant d'un langage plutôt soutenu et signifiant « blâmer vivement » se construit transitivement : *Mon employeur a vitupéré mon manque d'ardeur à la tâche.*

✱ LE TRUC : On ne contre pas les vitupérations.

Si la syntaxe se voit parfois malmener, le lexique n'est pas en reste ! Les « tics » de langage – notamment les anglicismes, très « tendance » – se répandent d'autant plus vite, de nos jours, que les médias ont tôt fait de les entériner et de les diffuser auprès du plus grand nombre. Voici donc un florilège des erreurs de vocabulaire à débusquer et à proscrire !

ACHALANDÉ

☹ L'ERREUR : Utiliser *achalandé* au sens de *approvisionné.*

☺ **LA RÈGLE :** L'adjectif *achalandé* est formé sur *chaland* (« client ») et signifie donc « qui a de nombreux clients ». En aucune façon il n'a pour sens « qui a beaucoup de marchandises ».

CONSÉQUENT

☹ L'ERREUR : Utiliser *conséquent* au sens de *important.*

☺ **LA RÈGLE :** Cet adjectif très en vogue ne saurait en aucune manière être synonyme de « substantiel, important ». Il signifie en effet, comme son étymologie l'indique, « qui pense avec un esprit de suite, avec logique, avec conséquence » : *Ce cartésien est conséquent en toutes circonstances.* Ne dites donc pas : *Cinq cent mille euros, c'est une somme conséquente*, mais : *c'est une somme importante, substantielle.*

DENTURE

☹ L'ERREUR : Utiliser *dentition* à la place de *denture.*

☺ **LA RÈGLE :** La *dentition* est la formation des dents ; la *denture* est l'ensemble des dents. On dira donc : *Cette actrice a une magnifique denture.*

ENCOURIR

☹ L'ERREUR : Utiliser *encourir* à la place de *courir* (*les risques encourus*).

☺ **LA RÈGLE :** *Encourir* signifie « s'exposer à quelque chose de fâcheux, risquer » : *on encourt une peine, un châtiment, un blâme, une amende.* On ne dira donc pas : *les risques qu'il encourt, les risques encourus*, mais *les risques qu'il court, les risques courus.*

GÂCHETTE

☹ L'ERREUR : Dire « appuyer sur la gâchette ».

☺ **LA RÈGLE :** La *gâchette* est la partie interne d'une arme à feu qui maintient le chien et qui est commandée par la *détente*. On serait donc bien en peine d'appuyer sur la gâchette ! On dira donc en toute correction : *Lors de ce duel, il a pressé le premier la détente.*

IMPÉTRANT(E)

☹ L'ERREUR : Employer ce nom avec le sens de « candidat ».

☺ **LA RÈGLE :** L'*impétrant* est celui qui a obtenu quelque chose, et particulièrement un diplôme, délivré par l'autorité compétente.

INTERPELLER

☹ L'ERREUR : Employer *interpeller* au sens de « susciter l'intérêt ».

☺ **LA RÈGLE :** *Interpeller* signifie « appeler en s'adressant vivement, apostropher » : *Les députés se sont interpellés et invectivés durant toute la séance.*
L'emploi d'*interpeller* avec le sens de « susciter l'intérêt » sera à proscrire : *Ce tableau m'interpelle quelque part*, n'est-ce pas une phrase du plus beau ridicule ?

MAPPEMONDE

☹ L'ERREUR : Utiliser *mappemonde* avec le sens de « sphère, globe terrestre ».

☺ **LA RÈGLE :** Une *mappemonde* est une carte plane du monde (le latin *mappa* signifie « carte »), et non une sphère représentant le globe terrestre.

NAGUÈRE

☹ L'ERREUR : Employer *naguère* avec le sens de « jadis, autrefois ».

☺ **LA RÈGLE :** Connaissez-vous le très beau recueil de Verlaine *Jadis et Naguère* ? En tout cas, ces deux mots – à moins que le poète ait commis un pléonasme fâcheux ! – ne sont pas synonymes, bien au contraire : si *jadis* signifie *autrefois*, l'adverbe *naguère*, comme son origine le prouve (*il n'y a guère*), est l'équivalent soutenu de *récemment, il y a peu.*

SOI-DISANT

☹ L'ERREUR : Employer *soi-disant* à propos d'une chose ou à propos de quelqu'un qu'on prétend tel ou tel (*de soi-disant vacances ; un soi-disant abruti*).

☺ **LA RÈGLE :** *Soi-disant* (adjectif toujours invariable) signifiant « qui se dit soi-même, qui se prétend soi-même », on évitera :

- De l'employer pour une chose, un concept ; on ne dira donc pas : *un soi-disant chef-d'œuvre, une soi-disant crise économique* ;
- De l'utiliser en parlant de quelqu'un qui ne se prétend pas tel ou tel ; la phrase *Ce soi-disant meurtrier proteste de son innocence* sera un contresens. Dans les deux cas, on préférera : *un prétendu chef-d'œuvre, ce prétendu meurtrier.*

Enfin, certaines expressions toutes faites employées quotidiennement sont victimes de contresens ou d'interprétations fautives, voire de déformations pour le moins fâcheuses.

Voici les dix plus fréquentes et malmenées par l'usage courant.

BON AN, MAL AN

☹ L'ERREUR : Utiliser cette expression avec le sens de « tant bien que mal, péniblement ».

☺ **LA RÈGLE :** *Bon an mal an* signifie « En faisant la moyenne des bonnes et des mauvaises années, l'un dans l'autre » :
Bon an mal an, il gagne 30 000 Ð.

UN CHEVALIER D'INDUSTRIE

☹ L'ERREUR : Utiliser cette expression avec le sens de « un grand chef d'entreprise ».

☺ **LA RÈGLE :** *Un chevalier d'industrie* est un escroc, un aigrefin. À ne pas confondre avec l'expression *capitaine d'industrie* (« grand chef d'entreprise »).

FAIRE LONG FEU

☹ L'ERREUR : Utiliser cette expression avec le sens de « durer longtemps ».

☺ **LA RÈGLE :** On disait jadis qu'une arme à feu *faisait long feu* lorsque la poudre se consumait sans exploser. Par extension, cette expression désigne le fait de ne pas atteindre son but, d'échouer. Quant à l'expression *ne pas faire long feu*, elle n'en est pas l'antonyme, puisqu'elle signifie « ne pas durer longtemps ».

L'ŒIL DU CYCLONE

☹ L'ERREUR : Utiliser cette expression avec le sens de « zone intense de turbulences ».

☺ **LA RÈGLE :** L'œil du cyclone est la zone de calme à l'intérieur du tourbillon. C'est donc commettre un contresens que de l'utiliser avec le sens de « zone de turbulences ».

SANS COUP FÉRIR

☹ L'ERREUR : Utiliser cette expression avec le sens de « rapidement ».

☺ **LA RÈGLE :** Le verbe obsolète *férir* vient du latin *ferire* « frapper ». *Sans coup férir* signifie donc mot à mot « sans frapper un seul coup », d'où « sans combattre », puis « sans résistance, sans difficulté ».

UNE SOLUTION DE CONTINUITÉ

☹ L'ERREUR : Utiliser cette expression avec le sens de « rupture, séparation ».

☺ **LA RÈGLE :** Dans cette expression, le mot *solution* est à entendre comme en chimie : « dissolution, séparation ». Donc, attention au contresens : une *solution de continuité* est une rupture, une séparation.

TIRER LES MARRONS DU FEU

☹ L'ERREUR : Utiliser cette expression avec le sens de « tirer profit personnel d'une situation risquée ».

☺ **LA RÈGLE :** Très souvent mal comprise, cette expression tire son origine dans une fable de La Fontaine (« Le Singe et le Chat ») et signifie « courir des risques pour le bénéfice d'autrui ».

FAIRE DES COUPES SOMBRES

☹ L'ERREUR : Utiliser cette expression avec le sens de « pratiquer des suppressions, des réductions importantes ».

☺ **LA RÈGLE :** Expressions empruntées à la sylviculture, la *coupe sombre* consiste à n'enlever qu'une petite partie des arbres, alors que la *coupe claire* est une coupe supprimant de nombreux arbres. Faire des coupes sombres, c'est donc n'enlever qu'une petite partie.

TRAITER QUELQU'UN, FAIRE QUELQUE CHOSE PAR-DESSOUS LA JAMBE

☹ L'ERREUR : Déformer en *traiter par-dessus la jambe.*

☺ **LA RÈGLE :** Quand on agit de manière désinvolte, on fait quelque chose *par-dessous la jambe.*

SABLER LE CHAMPAGNE

☹ L'ERREUR : confondre cette expression avec *sabrer le champagne.*

☺ **LA RÈGLE :** *Sabrer le champagne*, c'est à l'origine « utiliser un sabre pour ouvrir la bouteille en faisant sauter le bouchon ». *Sabler* étant un verbe désuet qui signifiait « boire cul sec », l'expression *sabler le champagne* veut donc dire « boire du champagne à l'occasion d'une fête ». On peut donc *sabrer* le champagne avant de le *sabler* !

DIX PLÉONASMES À ÉVITER

Grand classique des erreurs lexicales, le pléonasme est la répétition, généralement fautive, de ce qui a déjà été exprimé : tout le monde connaît les illustres *monter en haut* ou *sortir dehors*. Toutefois, ce n'a pas toujours été une faute, comme nous le montrent certains pléonasmes hérités du Moyen-Âge, mais qui ne sont plus ressentis comme tels : *sain et sauf, en lieu et place, bel et bien, au fur et à mesure*.

En voici dix – bien fautifs, ceux-là ! –, auxquels on ne pense pas forcément...

Au jour d'aujourd'hui

LA RÈGLE : S'il n'en fallait qu'un, ce serait celui-là !
Cette expression pompeuse, furieusement à la mode, est en réalité un double pléonasme : *hui* (du latin *hodie*) signifiait déjà « ce jour présent » ; petit mot trop bref, on lui accola *au jourd'* afin de l'étoffer... Et voici que désormais on répète encore cette structure. Qui sait ? Peut-être nos descendants du XXIe siècle diront-ils *au jour du jour d'aujourd'hui* !

S'avérer vrai

LA RÈGLE : *Avérer*, c'est confirmer, reconnaître comme vrai : *Le mensonge de l'accusé a été avéré.*
S'avérer + adjectif signifie « se révéler tel ou tel » : *Le test s'est avéré concluant.*
Mais l'expression *s'avérer vrai* s'avère être un pléonasme et, pis encore, la locution *s'avérer faux* une absurdité !

Bip sonore

LA RÈGLE : Un *bip* étant un signal sonore, nul besoin de lui adjoindre cet adjectif : *Parlez après le bip !* suffira amplement sur votre messagerie vocale !

Car en effet

LA RÈGLE : *Car* et *en effet* sont strictement synonymes : leur coexistence est donc tout à fait redondante ! De même, on évitera les pléonasmes *mais pourtant, mais néanmoins.*

Comme par exemple

LA RÈGLE : Là encore, *comme* ou *par exemple* suffit, nul besoin d'accoler les deux pour introduire un exemple.

Le gîte et le couvert

LA RÈGLE : Cette expression est victime d'un malentendu qui frise le jeu de mots. En effet, le *couvert* n'y désigne pas les fourchettes, couteaux et assiettes, mais bien ce qui couvre, c'est-à-dire le toit, le refuge, le... gîte ! On préférera donc l'expression *le vivre et le couvert.*

Il ne dit seulement que la vérité

LA RÈGLE : La négation restrictive *ne... que* et l'adverbe *seulement* ont le même sens ; on évitera donc de les employer ensemble : *Il ne dit que la vérité* ou *Il dit seulement la vérité.*

Légère collation

LA RÈGLE : Une *collation* est un repas léger, un encas ; l'adjectif *légère* est donc tout à fait superflu.

Prédire/préparer/prévoir à l'avance

LA RÈGLE : Ces verbes contiennent le préfixe *pré-* signifiant « avant » ; ils n'ont donc pas besoin de se voir ajouter l'adverbe *avant*.

Tri sélectif

LA RÈGLE : Expression vite entrée dans nos habitudes, elle n'en constitue pas moins un pléonasme bon à mettre... à la poubelle !

2

On ne sait jamais les écrire !

Trucs pour mieux orthographier

L'orthographe française est l'une des plus difficiles (pour maintes raisons : historiques, phonétiques, voire esthétiques ou politiques...) et, tous autant que nous sommes, nous doutons – parfois... souvent ! – et achoppons sur certains mots... *Apercevoir* prend-il un ou deux *p* ? Où est le *y* dans *labyrinthe* ? Y a-t-il un *d* à la fin de *cauchemar* ? Sortons tout de suite de ce mauvais rêve et de ce dédale orthographique grâce à quelques fils d'Ariane...

CHAPITRE 3

Vingt astuces pour orthographier vos débuts de mots

Débuts de mots et préfixes : on joue en simple ou en double ? En raison d'un héritage mouvementé du latin, certains débuts de mots – notamment à cause des préfixes (vous savez, ces petits morceaux de mots que l'on ajoute devant le radical) – peuvent poser problème et engendrer de vrais dilemmes orthographiques !

DÉBUTONS SIMPLEMENT !

À l'initiale d'un mot, les doutes sont légion : doit-on redoubler la consonne ou pas ?

Elle est la plupart du temps simple dans les cas suivants :

ab-

☺ **LA RÈGLE :** L'initiale *ab-* prend un seul *b* : *abattre, abandonner, abonner...*

☻ LES EXCEPTIONS : *abbé* (et ses dérivés : *abbaye, abbatiale, abbesse*).

✱ LE TRUC : On n'abat qu'une fois.

ad-

☺ **LA RÈGLE :** L'initiale *ad-* prend un seul *d* : *s'adonner, adopter, adhérer...*

☻ LES EXCEPTIONS : *addition, addiction, adduction* (et leurs dérivés) + le latinisme *addendum.*

✲ LE TRUC : Les matheux ont une vraie addiction aux additions.

ag-

☺ **LA RÈGLE :** L'initiale *ag-* prend un seul *g* : *agréger, agripper, agressivité...*

☻ LES EXCEPTIONS : *aggraver, agglomérer, agglutiner* (et leurs dérivés) + l'emprunt à l'italien *aggiornamento.*

✲ LE TRUC : Les agglomérations aggravent l'agglutination.

am-

☺ **LA RÈGLE :** L'initiale *am-* prend un seul *g* : *amaigrir, amener, amerrir, amoindrir, amollir, amuser...*

☻ LES EXCEPTIONS : *ammoniac* (et ses dérivés) + quelques mots scientifiques (*ammi, ammonite, ammophile...*).

✲ LE TRUC : Il n'y a qu'une *am-* sœur qu'on *m* !

eb-, ec-, ed-, el-, ep-, er-, et-

☺ **LA RÈGLE :** Ces initiales s'écrivent avec une consonne simple : *ébène, éboueur ; écart, éclectisme, éculé ; édition, édifice ; élaborer, élocution ; épais, épépiner ; éradiquer, éraflure ; étagère, étriper...*

☻ LES EXCEPTIONS : *ecchymose, ecclésiastique ; ellébore, ellipse ; erreur* (et tous les mots de la même famille : *erroné, errer, errements...*).

ON REDOUBLE !

Dans un certain nombre de cas – influence du latin oblige ! –, la consonne double à l'initiale est la règle... même si, comme toujours, quelques exceptions se font jour ici ou là !

ac-

☺ **LA RÈGLE :** L'initiale *ac-* prend le plus souvent deux *c* : *accabler, accaparer, accepter, acclamer, accoler, accroître, accumuler...*

☻ LES EXCEPTIONS COURANTES sont assez nombreuses : *acabit, acacia, académie, acadien, acajou, acariâtre, acarien, acolyte, acompte, s'acoquiner, acoustique, âcre, acrylique, acuité, acupuncture.*

✲ LE TRUC : Il n'y a qu'à l'Académie qu'on ne *c* pas être à deux !

af-

☺ **LA RÈGLE :** L'initiale *af-* prend presque toujours deux *f* : *affabuler, affadir, affection, affermir, afficher, affoler, affranchir, affres, affubler...*

☻ LES EXCEPTIONS : *aficionado, afin de, africain, afro.*

✲ LE TRUC : Les aficionados de l'Afrique ont la coupe afro.

al-

☺ **LA RÈGLE :** L'initiale *al-* prend le plus souvent deux l : *allaiter, alléger, allécher, allégation, allégorie, allégresse, aller, allitération, allocation, allocution, allouer, allonger, allumer...*

☻ LES EXCEPTIONS : sont assez nombreuses : *alacrité, alourdir, alanguir, alarme, alerte, aliment, aliter, alunir...*

✲ LE TRUC : *Alléger* est plus léger avec ses deux *l*. *Alourdir* serait trop lourd avec deux *l*.

an-

☺ **LA RÈGLE :** L'initiale *an-* prend le plus souvent deux *n* : *annihiler, année, anneau, annoncer, annoter, annualiser, annuité, annuler...*

☻ LES EXCEPTIONS : *anaconda, anéantir, animer, anoblir, anomalie, ânonner...*

✲ LE TRUC : Il est plus simple d'anéantir que d'annuler.

ap-

☺ **LA RÈGLE :** L'initiale *ap-* prend le plus souvent deux *p* : *apparaître, appareil, appeler, appesantir, applaudir, appliquer, appoint, apprécier, apprendre, appui...*

☻ LES EXCEPTIONS : *apaiser, apanage, aparté, apercevoir, apéritif, apeurer, apiculture, apitoyer, aplanir, aplatir, aplomb, apostille, apurer...*

✵ LE TRUC : Celui qui est apeuré nous aperçoit et nous apitoie, ce qui l'apaise.

ar-

☺ **LA RÈGLE :** L'initiale *ar-* prend le plus souvent deux *r* : *arracher, arraisonner, arrêter, arrière, arriver, s'arroger, arrondir...*

☻ LES EXCEPTIONS : *arabe, arachide, araignée, arène, arête (de poisson), aride, aristocrate, arithmétique, arôme...*

✵ LE TRUC : Une araignée, ça a l'*r* tout bête.

as-

☺ **LA RÈGLE :** L'initiale *as-* prend presque toujours deux *s* : *assaisonner, asservir, assiette, assombrir, assujettir...*

☻ QUELQUES EXCEPTIONS : formées à partir du préfixe grec *a-*, qui gardent la prononciation [as] : *aseptiser, asexué, asocial, asymétrie...*

at-

☺ **LA RÈGLE :** L'initiale *at-* prend presque toujours deux *t* : *attabler, attacher, atteindre, atteler, atterrir, attiser, attraper, attrister...*

☻ LES EXCEPTIONS : *ataraxie, atavisme, atèle* (singe), *atelier, atoll, atome, âtre, atroce.*

✲ LE TRUC : Il est inutile de redoubler d'atrocité !

ef-

☺ **LA RÈGLE :** Cette initiale prend presque toujours deux *f* : *effacer, effectif, effiler, effondré, effusion.*

☻ LES EXCEPTIONS : *éfaufiler, éfrit* (génie malfaisant de la mythologie arabe).

✲ LE TRUC : Il y a toujours deux pattes d'*eff-* !

es-

☺ **LA RÈGLE :** Cette initiale prend toujours deux *s* : *essai, essaim, esseulé, essuyer...*

oc-, of-

☺ **LA RÈGLE :** Ces initiales prennent presque toujours une double consonne : *occasion, occident, occulter, occuper ; offense, offrir...*

☻ LES EXCEPTIONS : *ocarina, oculaire* (et les mots de la même famille : *oculiste, oculus...*).

✲ LE TRUC : On ne voit l'oculiste que d'un œil.

LE PRÉFIXE *CON-*

Ce préfixe peut se modifier selon de la consonne qui suit :

- con- + b, m, p = com- : *combattre, commettre, compère...*
- con- + l = col- : *collatéral, collection, collimateur...*
- con- + r = cor- : *correspondre, correcteur...*

LE PRÉFIXE *IN-*

Comme son collègue *con-*, le préfixe *in-* change selon la consonne qui suit :

- in- + b, m, p = im- : *imbuvable, immortel, impossible...*
- in- + l = il- : *illégal, illimité, illumination...*
- in- + r = ir- : *irrationnel, irréalisable, irruption...*

LE PRÉFIXE *SUB-*

Là encore, le préfixe se modifie selon la consonne qui suit :

- sub- + c = suc- : *succéder, succion, succomber, succursale...*
- sub- + f = suf- : *suffisant, suffixe...*
- sub- + g = sug- : *suggérer...*
- sub- + p = sup- : *supplanter, support, supposer...*

LE PRÉFIXE *SYN-*

Il fonctionne comme les préfixes *con-* et *in-* :

- syn- + b, p = sym- : *symbole, symphonie...*
- syn- + l = syl- : *syllabe, syllogisme...*

LE + VOCABULAIRE

De l'intérêt des préfixes

Connaître quelques préfixes ou éléments, aussi bien latins que grecs, peut vous permettre d'éviter certaines fautes et, surtout, d'apprendre des listes entières et fastidieuses d'exceptions ! Ainsi, retenez que certains préfixes ou éléments fréquents présentent une consonne simple :

acro- : *acrobate, acronyme, acropole...*

ana- : *anabolisant, analyse, anagramme, anachronisme...*

a(n)- : *anesthésie, anomalie, anonyme, anormal, apathie, apesanteur, asymétrie, atemporel...*

apo- : *apocalypse, apogée, apologie, apostasier, apostropher, apothéose...*

CHAPITRE 4

Vingt astuces pour orthographier vos fins de mots

Des fins de mots pas toujours faciles ! Il existe en français une centaine de suffixes, dont un certain nombre pose des problèmes orthographiques (notamment le redoublement de consonnes), si bien qu'il est parfois malaisé de retrouver sa route dans cette jungle lexicale... Le modeste GPS qui suit pourra vous y aider !

QUATRE SUFFIXES QUI NE REDOUBLENT PAS

Quelques suffixes ne redoublent pas la consonne, sauf – comme toujours ! – exceptions :

-aner

☺ **LA RÈGLE :** La plupart des verbes en *-aner* prennent un seul *n* : *ahaner, chicaner, planer, ricaner, rubaner...*

☻ LES EXCEPTIONS : *canner* (une chaise), *dépanner, enrubanner, scanner, tanner, vanner.*

✲ LE TRUC : On enrubanne mieux avec deux *n*.

-ole

LA RÈGLE : La plupart des noms en *-ole* prennent un seul *n* : *bricole, carmagnole, casserole, chignole, console...*

LES EXCEPTIONS COURANTES : *barcarolle, corolle, fumerolle, girolle, moucherolle, muserolle, rousserolle.*

LE TRUC : Il faut mettre au moins deux girolles dans une casserole.

-oter

LA RÈGLE : La plupart des quelque quatre-vingts verbes en *-oter* prennent un seul *t* : *annoter, ligoter, sangloter, trembloter...*

LES EXCEPTIONS COURANTES : *ballotter, botter, boulotter, boycotter, calotter, carotter, crotter, culotter, déhotter, flotter, frisotter, garrotter, grelotter, mangeotter, marmotter, menotter, trotter.*

LE TRUC : Nous avons été menottés, ballottés et finalement garrottés.

-eterie

LA RÈGLE : La plupart des noms en *-eterie* prennent un seul *t* : *bonneterie, briqueterie, marqueterie, papeterie...*

LES EXCEPTIONS COURANTES : *billetterie, coquetterie, lunetterie, robinetterie, tabletterie.*

LE TRUC : Avec plusieurs billets, on peut acheter des lunettes, des tablettes, des robinets et même se montrer coquet.

HUIT SUFFIXES QUI REDOUBLENT

D'autres suffixes, assez nombreux, doublent leur consonne... même si cela ne va pas parfois sans un certain arbitraire !

-amment, -emment

☺ **LA RÈGLE :** Les adjectifs terminés par *-ant* ou *-ent* font leurs adverbes en *-ammant, -emment* : *bruyant = bruyamment* ; *intelligent = intelligemment.*

☻ LES EXCEPTIONS : aucune !

✲ LE TRUC : Les *amment* s'aiment doublement !

-onner

☺ **LA RÈGLE :** La plupart des verbes en *-onner* prennent deux *n* : *marmonner, étonner, raisonner, résonner...*

☻ LES EXCEPTIONS : *assoner, dissoner, s'époumoner, prôner, ramoner, téléphoner, (dé)trôner.*

✲ LE TRUC : Si tu t'époumones au téléphone, ça dissone !

-onnade

☺ **LA RÈGLE :** La plupart des noms en *-onnade* prennent deux *n* : *bastonnade, canonnade, citronnade, colonnade, fanfaronnade...*

☻ LES EXCEPTIONS : *caronade, limonade, cantonade, cassonade, monade, oignonade.*

✲ LE TRUC : J'ai demandé à la cantonade qui voulait une limonade à la cassonade.

-nnat

☺ **LA RÈGLE :** La plupart des noms en *-nnat* prennent deux *n* : *championnat, paysannat, pensionnat, quinquennat.*

☻ LES EXCEPTIONS : *diaconat, patronat.*

✲ LE TRUC : Le patronat s'est souvent opposé au paysannat.

-onnal

☺ **LA RÈGLE :** La plupart des adjectifs ou noms en *-onnal* prennent deux *n* : *confessionnal, professionnalisme, constitutionnalité...*

☻ LES EXCEPTIONS : les mots dérivés de *canton, congrégation, méridio-, nation, patron, ratio-, région, septentrion* et *tradition* s'écrivent avec un *n* : *cantonal, méridional, national, patronal, rationalisme, régional, septentrional, traditionaliste.*

✲ LE TRUC : Le syndicat patronal est plus traditionaliste que rationaliste.

-onnel

☺ **LA RÈGLE :** Tous les adjectifs en *-onnel* prennent deux *n* : *professionnel, rationnel, sensationnel...*

☻ LES EXCEPTIONS : aucune !

✲ LE TRUC : Être professionnel et rationnel, c'est doublement sensationnel !

-onnier

☺ **LA RÈGLE :** La plupart des noms ou adjectifs en *-onnier* prennent deux *n* : *canonnier, cantonnier, champignonnière, plafonnier, saisonnier...*

☻ LES EXCEPTIONS COURANTES : *aumônier, brugnonier, oignonière, thonier, timonier.*

✲ LE TRUC : Un aumônier et un timonier n'éprouvent jamais deux *n*.

-onnisme, -onniste

☺ **LA RÈGLE :** La majorité des noms en *-onnisme* prennent deux *n* : *abstentionnisme, illusionnisme, perfectionnisme, professionnalisme, protectionnisme, ségrégationnisme...*

☻ LES EXCEPTIONS COURANTES : *anachronisme, antagonisme, daltonisme, hédonisme, laconisme, platonisme, sionisme, unionisme, wallonisme ; accordéoniste, bassoniste, feuilletoniste, tromboniste, violoniste.*

✲ LE TRUC : Il est très simple d'être violoniste ou bassoniste.

HUIT SUFFIXES PIÉGEURS

Le doublement des consonnes n'est hélas pas le seul souci concernant les suffixes ! Voici un petit florilège de ces préfixes pour le moins contrariants.

-cable ou -quable ?

☺ **LA RÈGLE :** Les adjectifs en *-cable* s'écrivent avec un *c* : *communicable, explicable, praticable...*

☻ LES EXCEPTIONS : *cliquable, (in)attaquable, critiquable, immanquable, remarquable.*

✲ LE TRUC : Ce raisonnement remarquable est immanquablement inattaquable et peu critiquable.

-gable ou -guable ?

☺ **LA RÈGLE :** Les adjectifs en *-gable* s'écrivent comme *fatigable : irrigable, navigable...*

☻ L'EXCEPTION : *distinguable.*

✲ LE TRUC : Je distingue un *u* dans *distinguable.*

-cant ou -quant ?

☺ **LA RÈGLE :** Les noms ou adjectifs en *-cant* s'écrivent avec un *c* : *fabricant, provocant, urticant...*

☻ LES EXCEPTIONS : *délinquant, pratiquant, trafiquant.*

✲ LE TRUC : Ce délinquant et trafiquant est pourtant pratiquant !

-ciel ou -tiel ?

☺ **LA RÈGLE :** Les adjectifs en *-tiel* s'écrivent avec un *t* : *démentiel, événementiel, obédientiel, providentiel...*

☻ LES EXCEPTIONS : *circonstanciel, tendanciel, révérenciel, actanciel.*

✲ LE TRUC : On *c* quels adjectifs tu préfères, *ci – té – ré – ac.*

-ment ou -ement ?

☺ **LA RÈGLE :** Les noms en *-ment* prennent un *e* muet quand ils dérivent de verbes du 1er groupe : *bégaiement, éternuement, dévouement, tutoiement, rassasiement...*

☻ LES EXCEPTIONS : les noms dérivés de verbes des 2e et 3e groupes : *assortiment, bâtiment, blanchiment, nutriment, braiment, sentiment + boniment, régiment, rudiment.*

✲ LE TRUC : Les rudiments du régiment, c'est le boniment.

-rie ou -erie ?

☺ **LA RÈGLE :** La majorité des noms en *-rie* ne sont pas précédés d'un *e* muet : *librairie, mairie, pairie* (dignité de pair), *prairie, plaidoirie, voirie...*

☻ LES EXCEPTIONS COURANTES : *paierie* (bureau du payeur), *soierie.*

✲ LE TRUC : Les conducteurs savent que la voirie n'a pas besoin d'*e*.

-scence ou -ssence

☺ **LA RÈGLE :** La majorité des noms en *-scence* (et des adjectifs en *-scent* correspondants) s'écrivent avec *-sc-* : *adolescence, concupiscence, convalescence, dégénérescence, effervescence, fluorescence, phosphorescence, recrudescence...*

☻ LES EXCEPTIONS : *essence, quintessence*, qui n'ont rien à voir avec ce suffixe.

✲ LE TRUC : Il faut bien 2 $ pour un litre d'essence !

-tion ou -ssion ?

☺ **LA RÈGLE :** Ces noms s'écrivent en grande majorité *-tion* : *libération, prolifération, pollution...*

☻ LES EXCEPTIONS : les noms en *-cussion* (*concussion, discussion, percussion...*), *mission* et ses dérivés, *fission, scission, cession* et ses dérivés, les noms en *-gression* (*agression, progression...*), *pression* et ses dérivés, *session* et ses dérivés, *passion*.

✲ LE TRUC : Votre mission : que la discussion ne tourne pas à l'agression.

LES LETTRES MUETTES... ELLES EN DISENT LONG !

Il n'est pas toujours facile dans notre langue d'orthographier la fin d'un mot, tant les consonnes muettes sont nombreuses. Voici quelques trucs pour vous en sortir.

SOS famille !

Un truc très simple pour savoir écrire la fin d'un mot est de trouver un mot de la même famille, afin de faire sonner la consonne muette ; ça marche presque à tous les coups : *sang* (*sanguin*), *profond* (*profondeur*), *plomb* (*plombier*)...

Trente formes irrégulières

Néanmoins, certaines familles nous réservent quelques surprises... Ne vous fiez donc pas à leur bonne mine orthographique !

absous/absoute
dissous/dissoute
apostat/apostasier
caoutchouc/caoutchouteux
chaos/chaotique
dépôt/déposer
frais/fraîche
gars/garçon, garce
héros/héroïne, héroïque
plafond/plafonnier
procès/procéder
relais/relayer
souris/souriceau
tabac, tabacologie/tabagie
tiers/tierce
verglas/verglacer
zinc/zingueur, dézinguer

Certains de ces mots voient même apparaître une consonne « tampon » dans leurs dérivés :

abri/abriter
bazar/bazarder
bijou/bijoutier
caillou/caillouteux
cauchemar/cauchemarder
coi/coite
clou/clouté
Esquimau/Esquimaude
favori/favorite/favoriser
filou/filouter
flou/flouter
horizon/horizontal
rigolo/rigolote

CHAPITRE 5

Astuces pour orthographier vos accents

Ah ! Qu'ils peuvent être embêtants, ces petits signes que l'on ne sait jamais dans quel sens placer ! Appelés « diacritiques », ils sont au nombre de quatre :

- les trois accents : aigu, grave, circonflexe (sur les voyelles) ;
- le tréma (sur *i* ; *e* ; *u* et *y* dans des noms propres ; *o* et *a* dans des mots empruntés).

QUAND METTRE UN ACCENT AIGU ?

Il se place (presque) exclusivement sur le *e* pour marquer un [e] fermé : *bébé, clé.*

(On le trouve exceptionnellement sur d'autres voyelles, essentiellement dans des noms propres étrangers : *Salvador Dalí, Reykjavík, Joan Miró*...)

QUAND METTRE UN ACCENT GRAVE ?

L'accent grave se place sur le *e* pour marquer un [e] ouvert : *chèvre, scène, grève.*

On le trouve aussi sur le *a* et le *u* pour distinguer les homonymes grammaticaux : *a* (*avoir*)/*à* (préposition) ; *là* (adverbe)/*la* (article) ; *ou* (conjonction de coordination)/*où* (adverbe, pronom relatif) ; *ça* (pronom démonstratif)/*çà* (adverbe).

Il est présent aussi sur le *a* dans les mots : *déjà, holà, voilà, pietà.*

On utilise le *è* :

- **à l'intérieur d'un mot**, presque toujours devant une syllabe contenant un *e* muet : *mère, légèrement, piètre...*
- **en finale, devant un s non pluriel** : *excès, après, très, dès, près...*

NI AIGU, NI GRAVE !

On ne met jamais d'accent aigu ni grave :

- **devant une consonne finale** (sauf *s*) ou un groupe de consonnes : *sec, pied, clef, nerf, caramel, zen, lest, tiret, chez...*
- **à l'intérieur d'un mot devant une consonne double**, un *x* ou un groupe de consonnes : *atterrir, essaim, selle, fourchette, examen, indexer ; festin, acquiescer, respirer, vertical...*

QUAND METTRE UN ACCENT CIRCONFLEXE ?

Témoin emblématique de notre orthographe, imperturbable malgré les outrages du temps et les tentatives de réforme, l'accent circonflexe se place sur les voyelles *a, e, i, o, u* et concerne environ 2 000 mots de notre langue.

On le trouve dans plusieurs cas :

- Il provient souvent d'**une lettre qui a disparu**, le plus souvent un *s* : *hôpital (hospitalier), fenêtre (défenestrer), maître (magistral), Pâques (pascal)...*
- Il a pu être ajouté **pour marquer jadis l'allongement** ou la fermeture d'une voyelle : *âge, drôle, chêne...*

- On le trouve à la **3e personne du singulier de l'imparfait du subjonctif** (voir chapitre 6) : *qu'il aimât, qu'il finît, qu'il eût, qu'il fît.*
- Il apparaît aux **1e et 2e personnes du pluriel au passé simple** : *nous dansâmes, nous blanchîmes, nous fûmes ; vous tâtâtes, vous rougîtes, vous pûtes.*
- On le trouve à la **3e personne du singulier des verbes en *-aître*, *-oître* et du verbe *plaire*** (et ses composés) : *il paraît, il naît, il accroît, il déplaît.*
- Il se place **sur le *u* de cinq participes passés masculins** des verbes *croître, recroître, mouvoir, devoir, redevoir : crû, recrû, mû, dû, redû.*
  Mais attention ! **Il disparaît des autres formes du participe passé** de ces verbes : *recrus, mue, dues, redue...*
- Il se trouve **sur le suffixe péjoratif** *-âtre* : *verdâtre, bellâtre, marâtre.*
  Mais attention **à ne pas le confondre avec l'élément grec *-iatre*** (« médecin »), qui ne prend pas de circonflexe : *psychiatre, gériatre, hippiatre...*
- Il se place **sur le ô dit « vocatif »**, toujours devant un nom : *Ô rage, ô désespoir !*
- Il apparaît **sur certains adverbes en *-ument*** : *assidûment, congrûment, continûment, crûment, dûment, goulûment, incongrûment, indûment, nûment* (ou parfois *nuement*).

S'écrivent sans accent : *absolument, ambigument, éperdument, ingénument, prétendument, résolument.*

✿ LE TRUC : les adverbes qui contiennent déjà un accent doivent *absolument* et sans *ambiguïté* ne pas prendre d'accent circonflexe.

Il peut permettre enfin de distinguer certains homonymes :

AVEC ACCENT CIRCONFLEXE	SANS ACCENT CIRCONFLEXE
âcre (piquant)	une acre (unité de mesure agraire)
bâiller (ouvrir la bouche)	bailler (donner)
une boîte (récipient)	il boite (il claudique)
une châsse (reliquaire)	une chasse (poursuite)
un côlon (intestin)	un colon (pionnier)
une côte (relief)	une cote (mesure ; Bourse)
le faîte (sommet)	faite (participe de faire)
une forêt (bois)	un foret (outil)
une gêne (malaise)	un gène (en génétique)
un genêt (arbuste)	un genet (cheval)
hâler (brunir)	haler (tirer)
un jeûne (privation de nourriture)	un jeune
un mât (sur un bateau)	mat (bronzé ; échecs)
un mâtin (chien)	un matin (partie de la journée)
une mâture (ensemble des mâts)	mature (mûr)
un môle (ouvrage portuaire)	
une môle (poisson ; anomalie du placenta)	une mole (unité en chimie)
mûr (mature)	un mur (paroi)
le nôtre, le vôtre (pronom possessif)	notre, votre (déterminant possessif)
pâle (blanc)	une pale (d'une hélice)

pêcher (du poisson)	pécher (commettre un péché)
un prêteur (personne qui prête)	un préteur (magistrat romain)
un rôt (rôti)	un rot (renvoi)
sûr (certain)	sur (au-dessus ; aigre)
une tâche (travail)	une tache (salissure)

ENCORE ET TOUJOURS DES BIZARRERIES !

Il existe (forcément !) des irrégularités, des bizarreries (qui font tout le charme de notre orthographe, affirmeront certains...), dues à une histoire graphique pour le moins mouvementée...

Prenons l'accent (aigu) !

Quelques familles de mots voient apparaître un accent aigu quand on leur ajoute un préfixe ou un suffixe :

SANS ACCENT	AVEC ACCENT AIGU
rebelle, se rebeller	rébellion
reclus	réclusion
religion	irréligion, irréligieux
remède, remédier	irrémédiable
replet, replète	réplétion
reproche, reprocher	irréprochable
tenace	ténacité
verser	réversion

Passons du grave à l'aigu !

Certaines familles présentent de petits changements dans leur accentuation, bien que la prononciation soit la même (à savoir un [e] ouvert, comme dans *chèvre*) :

AVEC ACCENT GRAVE	AVEC ACCENT AIGU
j'allège	allégement
allègre	allégrement
avènement	événement
crème	crémerie
règle, règlement	réglementation, réglementaire
sèche, sèchement	sécheresse

Passons du circonflexe à l'aigu !

Quelques familles voient leur circonflexe se transformer en accent aigu dans certains dérivés :

AVEC ACCENT CIRCONFLEXE	AVEC ACCENT AIGU
bête	bétail
crêpe, crêpage, crêpelé	crépu, crépon, crépir
extrême	extrémité
mêler	mélange
suprême	suprématie
tempête	tempétueux

Perdons l'accent (circonflexe) !

Un certain nombre de mots perdent leur accent circonflexe, essentiellement quand ils se voient adjoindre un suffixe :

AVEC ACCENT CIRCONFLEXE	SANS ACCENT CIRCONFLEXE
âcre, âcreté	acrimonie, acrimonieux
arôme	aromate, aromatiser
binôme, polynôme	binomial, polynomial
câble	encablure
cône	conique, conifère
crâne, crâner, crâneur, crânien	craniologie
diplôme	diplomate, diplomatie, diplomatique
drôle, drôlerie	drolatique
enjôler	cajoler
fantôme	fantomatique
fût, affûter, raffûter	futaie, futaille, raffut, futé
grâce, disgrâce	gracieux, gracier, gracile, disgracieux
infâme	infamant, infamie, malfamé, diffamer
jeûne	à jeun, déjeuner
pôle	polaire, polariser
râteau, râteler, râtelier	ratisser, ratiboiser
sûr, sûreté	assurer, assurance
symptôme	symptomatique
tâter, tâtonner	tatillon
trône, détrôner	introniser

ACCENT OU PAS ACCENT ?

Influencés par des mots qui leur ressemblent, ces termes ne prennent pourtant pas d'accent : *tél**e**scope, di**e**sel, g**e**nèse, pr**e**science, précoc**e**ment, invers**e**ment, fé**e**rique, c**e**dex, rec**e**ler, vil**e**nie.*

Inversement, soyez attentif à ces mots, qui prennent un accent aigu : *tél**é**spectateur, cam**é**scope, p**é**réquation, d**é**structurer, d**é**stabiliser, héb**é**tement, c**é**leri, s**é**créter, v**é**nerie, aff**é**terie, je rév**é**lerai, je tol**é**rerai* (et les autres verbes avec un ***é*** en avant-dernière syllabe).

LE TRÉMA : METTONS-NOUS AUX POINTS !

Le tréma touche plus de 1000 mots en français et se place essentiellement sur le *i* (maïs), le *e* (*Noël*), parfois le *u* (*capharnaüm*) : il indique que les deux voyelles se prononcent séparément : *stoïque (« sto-hic »), Ésaü (« Ésa-hu »).*

Attention notamment aux mots en *-guë* : le tréma se place sur le *u* : *aiguë, ambiguë, contiguë, exiguë, la ciguë, il arguë* (du verbe *arguer*).

✲ LE TRUC : Le tréma se place **toujours** sur la deuxième voyelle.

Attention ! Mots sans tréma : *coefficient, Groenland, je hais, kaléidoscope, moelle, pléiade, Pompéi, séisme, séquoia.*

Dans d'autres, on lui a préféré un accent : *canoéiste* (mais *canoë*), *Israélien* (mais *Israël*), *goéland*, (*le* ou *la*) *poêle, poème, poète.*

CHAPITRE 6

Astuces pour s'en sortir avec le *h* et le *y*

Que d'hésitations engendrées par ces deux lettres, héritage orthographique empoisonné des Grecs ! Le *h* et le *y* concernent des milliers de mots... Aussi nous bornerons-nous ici à vous donner quelques « trucs » pour vous aider, quant aux mots les plus courants, à vous sortir de ce labyrinthe... ou labirynthe ?

LE *H*... TRUCS POUR MIEUX LE CONSOMMER !

Le *h* se trouve à l'initiale d'un grand nombre de mots, courants ou plus rares. Mais la vraie difficulté provient du *h* à l'intérieur des mots, notamment de ceux formés sur des racines grecques et contenant les séquences *ch, ph, rh, th*. Aussi est-il profitable (et plus économique : soyons paresseux... à bon escient !) de connaître les plus courantes de ces racines.

Trente racines grecques pour mieux orthographier

Racines contenant *ch*

RACINE	SENS	EXEMPLES
arch-	ancien	*archéologie, archaïque*
chir-	main	*chiropracteur, chiromancie*

chrom-	couleur	*polychrome, chromosome*
chrono-	temps	*anachronisme, chronologie*
psych-	esprit, âme	*psychopathe, psychologie*
tachy-	rapide	*tachycardie*
techn-	art, science	*technologie, pyrotechnie*

Racines contenant *ph*

RACINE	SENS	EXEMPLES
amphi-	des deux côtés	*amphibie, amphithéâtre*
céphal-	tête	*encéphalogramme, céphalopode*
graph-	écriture	*graphologie, géographie*
morph-	forme	*amorphe, morphologie*
phag-	manger	*anthropophage, phagocyter*
phil-	aimer	*philosophie, bibliophile*
phon-	son, voix	*phonétique, francophonie*
phob-	crainte	*xénophobe*
phore	qui porte	*photophore, métaphore*
photo-	lumière	*photographie, cataphote*
physio-	nature	*physionomie, physiologie*

Racines contenant *rh*

RACINE	SENS	EXEMPLES
rh-, -rrh	couler	*rhume, diarrhée*
rhin-	nez	*rhinocéros, rhinite*

Racines contenant *th*

RACINE	SENS	EXEMPLES
anth-	fleur	*chrysanthème, anthologie*
anthrop-	être humain	*anthropologie, misanthrope*
lith-	pierre	*néolithique, mégalithe*
myth-	légende	*mythologie, mythomanie*
ornitho-	oiseau	*ornithorynque, ornithologie*
ortho-	droit	*orthographe, orthodoxe*
path-	maladie	*psychopathe, pathologie*
thé-	dieu	*athée, théologie*
thérap-	soigner	*thérapeute, thalassothérapie*
therm-	chaleur	*thermes, thermomètre*

Une fois armé(e) de ces racines, vous pouvez écrire n'importe quel mot d'origine grecque contenant un *h*, fût-il le plus compliqué !

Avec ou sans *h* ?

On hésite souvent sur certains mots : prennent-ils un *h* ou pas ?

Avec un *h*

Abhorrer : c'est avoir en *horreur.*

Les mots de même famille : *exhaler/inhaler, exhiber/inhiber/prohiber/rédhibitoire, exhumer/inhumer/transhumance, adhérer/cohérent/inhérent.*

Quelques mots difficiles : *dahlia* (de monsieur Dahl), *exhaustif, exhorter, Fahrenheit, menhir, silhouette, uhlan.*

Sans *h*

Agate (pierre), *atmosphère, azimut, étymologie.*

Mots en *ex-* : *exalter, exulter, exorbitant, exubérant.*

Hypoténuse, liturgie, Neandertal, yaourt.

LE Y... TRUCS POUR SORTIR DU LABYRINTHE !

C'est peut-être la lettre qui pose le plus de problème en français : quand mettre un *y* ou un *i* ? C'est le *y* d'abord, ou bien le *i* ? Quelques petites astuces pour vous en sortir...

Encore du grec !

Une fois encore, les racines grecques viennent à la rescousse : le *y* (comme son nom l'indique !) est hérité du *upsilon* grec ; on le retrouve donc dans les racines grecques suivantes :

RACINE	SENS	EXEMPLES
crypt-	caché	*cryptographie*
cyber-	pilote	*cybernétique*
cycl-	cercle	*bicyclette*
dactyl-	doigt	*dactylographie*
dynam-	puissance	*dynamisme*
dys-	difficulté, manque	*dyslexie, dysfonctionnement*
glyc-	sucre	*glycémie*
gyn-, gynéco-	femme	*misogyne, gynécologie*
hydr-	eau	*hydre, clepsydre*
hyper-	au-dessus de	*hypermarché*

hypo-	sous	*hypothermie*
myo-	muscle	*myocarde*
onym-	nom	*homonyme*
oxy-	aigu, acide	*oxygène*
phyll-	feuille	*chlorophylle*
poly-	nombreux	*polygamie*
pyr-	feu	*pyromane*
typ-	caractère	*typographie*
xylo-	bois	*xylophone*
sy-, syn-, sym-, syl-	ensemble	*symétrie, synthèse, symbole, syllogisme*

Y et i... remettons un peu d'ordre !

Quand dans un mot, on se trouve face à deux sons [i] dont on sait pertinemment que l'un d'eux est un *y*, l'orthographe prend des allures de dilemmes cornéliens !

Mots avec *i + y*

Amphitryon, bicyclette, callipyge, Dionysos, diptyque/triptyque, dissymétrie, dithyrambique, idylle, Libye, misogyne, sibyllin, Sisyphe, vinyle.

Mots avec *y + i*

Amaryllis, antonymie, asphyxie, cylindre, conchyliculture, cynique, cyrillique, cystite, hybride, hygiène, labyrinthe, myosotis, panégyrique, strychnine, syphilis, Syrie, walkyrie.

Pas de *y* !

Notre orthographe étant compliquée, on a souvent tendance à en rajouter... Attention : point trop n'en faut ! Les mots suivants, tous sans *y*, le prouvent : *antinomie, arithmétique, cirrhose, hippodrome, misanthrope, philosophie, saphir, une satire* (mais *un satyre*), *schizophrène, sphinx*.

CHAPITRE 7

Dix astuces pour ne plus haïr certaines familles

L'orthographe française est renommée pour ses bizarreries, ses irrégularités, qui font souvent notre fierté… du moins jusqu'à ce qu'il nous faille les écrire ! Voici un petit tour d'horizon de ces coquetteries orthographiques…

BARRIQUE, BARRICADE MAIS *BARIL*

✲ LE TRUC : Le baril a l'*r* moins lourd que la barrique.

BATTRE, COMBATTRE MAIS *BATAILLE, COMBATIF, COMBATIVITÉ*

✲ LE TRUC : Qui est combatif ne prend jamais 2 *t* avant la bataille.

BONHOMME MAIS *BONHOMIE*

✲ LE TRUC : On *m* moins la bonhomie que le bonhomme.

CHARIOT MAIS *CHARRETTE, CHARRIER, CHARRUE, CARROSSE, CARROSSERIE*

✲ LE TRUC : Le chariot a l'*r* moins lourd que la charrette.

HOMME MAIS *HOMICIDE, HOMINIDÉS*

✲ LE TRUC : L'homicide supprime ce qui est en trop.

IMBÉCILE MAIS *IMBÉCILLITÉ*

✲ LE TRUC : L'imbécillité amène la tranquillité.

PRUD'HOMME MAIS *PRUD'HOMAL, PRUD'HOMIE*

✲ LE TRUC : La prud'homie ne manque pas de bonhomie.

SOUFFLER, ESSOUFFLER, INSUFFLER MAIS *BOURSOUFLER*

✲ LE TRUC : La boursouflure est déjà assez gonflée sans lui rajouter un *f* !

SIFFLER MAIS *PERSIFLER*

✲ LE TRUC : Persifler, c'est plus discret que siffler.

SONNER, SONNERIE...

Consonne, résonner, malsonnant mais *assoner, assonance, assonant, consonance, consonantique, dissoner, dissonance, dissonant, résonance*...

✲ LE TRUC : Les assonances et les consonances de ce poème ont des résonances dissonantes.

3

On les confond toujours !

Trucs pour ne plus s'emmêler

Sa cravate rose à pois détone avec sa chemise vert pomme. Autant pour ses goûts vestimentaires !

Si ces deux phrases – mis à part les problèmes esthétiques ! – ne vous choquent pas, alors n'hésitez pas à bien lire ce qui suit...

CHAPITRE 8

Quarante-cinq homonymes lexicaux

Les homonymes sont ces mots (parfois agaçants !) qui se prononcent de la même façon, mais s'écrivent la plupart du temps différemment... Or le français, avec ses lettres muettes nombreuses, est prodigue en homonymies... Petite visite à ces faux jumeaux piégeurs !

ACQUIS/ACQUIT

Acquis : participe du verbe *acquérir*, il est aussi devenu un nom (*un acquis*).

Acquit : terme juridique, dérivé du verbe *acquitter*, il ne s'emploie dans la langue courante que dans l'expression *par acquit de conscience*.

✲ LE TRUC : Par **acquit** de conscience, j'ai **acquitté** mes dettes.

À FAIRE/AFFAIRE

À faire : j'ai un exercice *à faire*/J'ai *à faire* un exercice.

Affaire : J'ai *affaire* à un imbécile.

✲ LE TRUC : Remplacer *à faire* par *à réaliser/à travailler* : J'ai **à faire** un exercice, j'ai **à faire** ailleurs.

AMANDE/AMENDE

Amande : à manger !

Amende : à payer !

✲ LE TRUC : La fr**an**gip**an**e est à base d'am**an**des.

ANCRE/ENCRE

Ancre : instrument d'acier immobilisant un navire.

Encre : liquide pour écrire.

✲ LE TRUC : On **écrit** avec l'**encr**e ; on **ac**coste avec une **anc**re.

AUSPICE/HOSPICE

Auspice : augure, présage.

Hospice : asile, hospice de vieillards.

✲ LE TRUC : Je préfère être **hospi**talisé qu'être à l'**hospi**ce !

AUTANT/AU TEMPS

Autant : aussi ; tellement, tant.

Au temps : dans l'expression *Au temps pour moi !*

LE + VOCABULAIRE

Au temps pour les crosses !

Peut-être avez-vous été surpris de découvrir que l'expression « Au temps pour moi ! » s'écrit ainsi... Il s'agit à l'origine d'une locution du langage militaire : « Au temps pour les crosses ! » s'utilisait pour commander de reprendre le mouvement depuis le début. Par extension, elle s'est ensuite employée au figuré pour admettre son erreur et concéder que l'on va reprendre les choses depuis le début : « Au temps pour moi ! »

Rien à voir, donc, avec l'adverbe *autant* !

AUTEL/HÔTEL

Autel : table de pierre pour les sacrifices (*être sacrifié sur l'autel de*) ; table où l'on célèbre la messe (*conduire quelqu'un à l'autel*).

Hôtel : auberge.

✲ LE TRUC : On en a sacrifié autant sur l'**autel** !

BALADE/BALLADE

Balade : promenade.

Ballade : poème.

✲ LE TRUC : J'aime les ba**ll**ades de Vi**ll**on.

BAILLER/BÂILLER/BAYER

Bailler : donner (terme obsolète). Expression : *Vous me la baillez belle/bonne* (Vous essayez de m'en faire accroire).

Bâiller : ouvrir la bouche.

Bayer : uniquement dans l'expression *bayer aux corneilles.*

✲ LE TRUC : Le l**y**cée ? On **y** ba**y**e aux corneilles.

BAN/BANC

Ban : proclamation d'un mariage ; ovation ; exil (*mettre au ban*).

Banc : siège ; amas formant une couche (*banc de sable, banc de poissons*).

✲ LE TRUC : Il a été mis au **ban** et **banni.**

CÉANS/SÉANT

Céans : ici dedans, terme obsolète (*le maître de céans).*

Séant : le derrière. Adjectif : convenable, seyant.

✲ LE TRUC : Le **séant** est fait pour les **sièges**.

CENSÉ/SENSÉ

Censé : supposé, réputé (+ infinitif).

Sensé : qui a du bon sens, raisonnable.

✲ LE TRUC : Les humains sont **cens**és être **sens**és.

CERF/SERF

Cerf : mammifère portant des bois.

Serf : au Moyen Âge, esclave attaché à une terre.

✲ LE TRUC : Le **se**rf **se**rvait un **se**igneur.

CHAMP/CHANT

Champ : étendue de terre à cultiver.

Chant : partie longitudinale étroite (le *chant* d'un livre, mettre un livre sur *chant).*

✲ LE TRUC : Je pose mes livres de musique sur **chant**.

CHAOS/CAHOT

Chaos : désordre, anarchie. Adjectif : *chaotique.*

Cahot : soubresaut, secousse en voiture. Adjectif : *cahoteux.*

✲ LE TRUC : Un **ca**rrosse **cah**ote **cah**in-caha.

CHAIR/CHAIRE/CHER/CHÈRE

Chair : tissus musculaires, aspect de la peau, viande.

Chaire : tribune élevée d'où le prédicateur s'adresse aux fidèles ; tribune du professeur.

Cher : chéri ; coûteux.

Chère : nourriture (*faire bonne chère, faire maigre chère).*

✲ LE TRUC : La bonne **chère** se fait de plus en plus **chère** !

CHŒUR/CŒUR

Chœur : ensemble vocal. Expression : *en chœur*.

Cœur : organe.

✲ LE TRUC : Nous **ch**antons en **ch**œur.

CLAIR/CLERC

Clair : lumineux.

Clerc : lettré, savant (*nul besoin d'être grand clerc*) ; stagiaire chez un notaire, un huissier.

✲ LE TRUC : Le clerc « **c** » beaucoup de choses !

COR/CORPS

Cor : instrument de chasse. Expression : *à cor et à cri*.

Corps : organisme des êtres animés.

✲ LE TRUC : En criant à **cor** et à **cri**, on n'est jamais en « **p** » !

COTE/COTTE

Cote : marque servant à un classement ; cours des valeurs ; estimation.

Cotte : tunique (*cotte de mailles*) ; vêtement de travail.

✲ LE TRUC : Les co**tt**es vont très bien avec les bo**tt**es.

CRAC/CRACK/KRACH/KRAK

Crac : interjection (choc, rupture).

Crack : champion ; drogue.

Krach : effondrement boursier.

Krak : château fort des croisés, en Syrie.

✲ LE TRUC : Un vrai cra**ck c k** lors on ne consomme pas de crack.

DÉTONER/DÉTONNER

Détoner : exploser. Adjectif : *un mélange détonant.*

Détonner : ne pas être dans le ton, jurer.

✲ LE TRUC : Qui déto**nn**e éto**nn**e.

DIFFÉREND/DIFFÉRENT

Différend : désaccord, conflit.

Différent : dissemblable.

✲ LE TRUC : Là où finit le différen**d** commence la **d**ispute.

EMPREINT/EMPRUNT

Empreint : marqué, comme par une empreinte *(un sourire empreint de gaieté).*

Emprunt : obtention d'une somme d'argent.

✲ LE TRUC : Ne prenez toujours qu'**un** empr**un**t.

ENTRAIN/EN TRAIN

Entrain : dynamisme, allant.

En train : je suis en train de lire.

✲ LE TRUC : On est toujours **en train** de séparer les mots.

FAIT/FAÎTE

Fait : événement.

Faîte : sommet, cime ; le plus haut point, l'apogée.

✲ LE TRUC : Le **faîte** porte le toit sur son **î**.

FILTRE/PHILTRE

Filtre : filtre à eau, à café, d'une cigarette.

Philtre : breuvage magique.

✲ LE TRUC : Les philtres d'amour n'ont pas un « **ph** » neutre !

FOI/FOIE/FOIS

Foi : croyance, confiance.

Foie : organe.

Fois : une fois, deux fois...

✲ LE TRUC : La foi est sans fin, contrairement à la cris**e** de foi**e**.

FOND/FONDS/FONTS

Fond : partie la plus basse.

Fonds : bien immeuble ; fonds de commerce ; capital ; ensemble de ressources.

Fonts : *les fonts baptismaux* (bassin contenant l'eau du baptême).

✲ LE TRUC : Un **fonds** de commerce a besoin de **fonds**.

FORT/FOR/FORS

Fort : robuste.

For : tribunal de la conscience (*en mon for intérieur*).

Fors : vieille préposition signifiant « sauf, hormis » (*Tout est perdu fors l'honneur*).

✲ LE TRUC : En mon **for** intérieur, je n'aime pas les **t**.

GENS/GENT/GENTE

Gens : groupe de personnes.

Gent : espèce, race.

Gent : gracieux, joli, noble (terme obsolète).

✲ LE TRUC : L'**agent** appartient à la **gent** policière.

HEUR/HEURE/HEURT

Heur : *avoir l'heur de* signifie « avoir la chance de ».

Heure : 60 minutes.

Heurt : choc, coup.

✲ LE TRUC : Je suis **heurté** par tous ces **heurts**.

MARTYR/MARTYRE

Martyr : personne suppliciée (*un martyr, une martyre*).

Martyre : supplice.

✲ LE TRUC : Le marty**re** est une tortu**re**.

PALIER/PALLIER

Palier : plateforme d'un escalier.

Pallier : atténuer un mal.

✲ LE TRUC : L'esc**alier** donne sur le p**alier**.

PARTI/PARTIE

Parti : prendre parti.

Partie : prendre à partie.

✲ LE TRUC : Elle est par**tie** quand il l'a prise à par**tie**.

PLAINTE/PLINTHE

Plainte : protestation.

Plinthe : saillie au bas d'un mur.

✲ LE TRUC : Suivez les pl**inthe**s pour sortir du labyr**inthe** !

PLEIN/PLAIN

Plein : rempli.

Plain : de plain-pied, le plain-chant.

✲ LE TRUC : Une maison de **pla**in-pied, c'est bien **pla**n-plan.

PRÉMICES/PRÉMISSE

Prémices : signes avant-coureurs.

Prémisse : en logique, proposition placée au début d'un raisonnement et dont on tire une conclusion ; par extension, postulat dont on tire une conclusion.

✲ LE TRUC : Les prémi**ces** sont des annon**ces**.

RAISONNER/RÉSONNER

Raisonner : faire usage de sa raison ; argumenter.

Résonner : retentir avec des résonances.

✲ LE TRUC : Qui **raison**ne a souvent **raison**.

REPAIRE/REPÈRE

Repaire : endroit servant de refuge (à un animal, à des brigands).

Repère : marque servant à retrouver un élément (*un point de repère*).

✲ LE TRUC : Avec un re**pèr**e, on ne se **per**d jamais.

SATIRE/SATYRE

Satire : écrit s'attaquant à quelqu'un, à quelque chose, en le raillant.

Satyre : divinité de la mythologie grecque à corps humain, à cornes et pieds de chèvre ; homme lubrique, pervers.

✲ LE TRUC : Le satyre poussait des « hiiiii » grecs ! La sat**ir**e est **ir**onique.

SCEPTIQUE/SEPTIQUE

Sceptique : philosophe partisan du doute ; personne incrédule.

Septique : produisant l'infection, provoqué par des germes (*fosse septique, choc septique*).

✲ LE TRUC : Le sceptique **c** qu'il doit douter.

TACHE/TÂCHE

Tache : salissure, souillure.

Tâche : besogne, travail.

✲ LE TRUC : Il n'y a aucune **tache** sur le mot **tache.**

VER/VERS/VERRE/VAIR

Ver :... de terre !

Vers :... à réciter !

Verre :... à boire !

Vair : fourrure du petit-gris, écureuil (*la pantoufle de vair*).

✲ LE TRUC : Cendrillon n'a pas commis d'imp**air** avec sa pantoufle de **vair**.

VOIR/VOIRE

Voir : percevoir par la vue.

Voire : et même (*Il est intelligent, voire génial*).

✲ LE TRUC : **Voire** se termine comme son synonyme **même**.

CHAPITRE 9

Vingt-cinq homonymes grammaticaux

A/À

A est le verbe avoir à la 3e personne du présent de l'indicatif : *Il **a** toujours faim.*

À est une préposition ; il introduit donc des groupes nominaux ou verbaux, des pronoms : *Il ne pense qu'**à** ses vacances.*

LE TRUC : Substituer au *a* une autre forme du verbe avoir : Il **a** à faire son travail = Il **avait** à faire son travail.

ÇA/SA/ÇÀ

Ça est un pronom démonstratif, équivalent de *cela* dans la langue familière : ***Ça** me va.*

Sa est un déterminant possessif : *Elle veut **sa** revanche.*

Çà est un ancien adverbe de lieu, qui n'est plus guère utilisé que dans l'expression *çà et là.*

Çà est aussi une ancienne interjection exprimant la surprise, l'indignation, l'exhortation, employée surtout dans l'expression *ah çà !*

LE TRUC : *Ça* peut toujours être remplacé par *cela.*
Le possessif *sa* peut être remplacé par *la sienne.*

CE/CEUX/SE

Ce est un déterminant ou pronom démonstratif : ***Ce*** *sera facile,* ***ce*** *devoir.*

Ceux est le pronom démonstratif de la 3e personne du pluriel.

Se est un pronom réfléchi ; il ne se trouve donc que devant un verbe pronominal : *Il* ***se*** *lave.*

✲ LE TRUC : Devant un verbe, *ce = cela.*
Devant un nom, remplacez *ce* par son féminin *cette.*
Ceux équivaut à « les gens qui/que ».
Se se trouve toujours devant un verbe et peut-être remplacé par *me, te.*

CES/SES/C'EST/S'EST

Ces est un déterminant démonstratif : ***Ces*** *vacances n'ont pas été de tout repos.*

Ses est un déterminant possessif : *Cet enfant est venu avec* ***ses*** *parents.*

C'est est formé du pronom démonstratif *c'* et du verbe *être* : ***C'est*** *moi qui suis responsable.*

S'est est constitué du pronom réfléchi *se* et de l'auxiliaire *être*, suivi d'un participe passé : *Il* ***s'est*** *payé un voyage.*

✲ LE TRUC : Ajoutez les particules *-ci* ou *-là* pour être sûr d'avoir affaire au démonstratif *ces.*
Mettez le possessif *ses* au singulier (*son*).
Remplacez *c'est* par *cela était.*
Transposez *s'est* au pluriel (*Ils* ***se sont*** *payé un voyage*).

CI/SI/S'Y

Ci est une particule démonstrative (*cette voiture-**ci***) ou un adverbe démonstratif que l'on ne trouve que dans des expressions ou locutions : *par-ci par-là, de-ci de-là, ci-après, ci-dessus, ci-joint...*

Si est un adverbe (*Elle est **si** jolie*) ou une conjonction de subordination (***Si** elle vient, je viens*).

S'y est constitué du pronom réfléchi *se* et du pronom adverbial *y* : *Ils ne **s'y** attendaient pas.*

✲ LE TRUC : Pensez à remplacer *si* par *même si* (conjonction) ou par *tellement* (adverbe).

DAVANTAGE/D'AVANTAGE

Davantage est un adverbe.

D'avantage(s) est un groupe nominal formé du nom avantage : *Je vous parle d'avantages que nous avions autrefois.*

✲ LE TRUC : Remplacez *davantage* par *plus* et *d'avantage(s)* par *d'inconvénient(s).*

DES/DÈS

Des est un déterminant (article contracté ou indéfini) : *Je parle **des** vacances passées avec **des** amis.*

Dès est une préposition signifiant « à partir de » : *Nous vous accueillerons **dès** 8 heures.*

✲ LE TRUC : Remplacez *dès* par *à partir de.*

ET/ES, EST/AI, AIE

Et est une conjonction de coordination : *L'orthographe* ***et*** *la grammaire sont indissociables.*

Es et *est* sont la 2e et la 3e personne du présent de l'indicatif du verbe *être* : *Tu* ***es*** *là à chaque fois qu'il* ***est*** *absent.*

Ai est la 1re personne du présent de l'indicatif du verbe *avoir* : *C'est moi qui* ***ai*** *fait ça.*

Aie, aies, ait sont les premières personnes du verbe *avoir* au subjonctif présent : *Il faut qu'il* ***ait*** *fini dans dix minutes.*

Aie est aussi l'impératif du verbe *avoir* : ***Aie*** *toutes tes affaires avec toi.*

✲ LE TRUC : Remplacez *et* par *et puis.*
Substituez aux formes *es, est* d'autres formes non homonymes du verbe *être* (*vous êtes, ils sont...*).
Faites de même avec les formes du verbe *avoir* (*que nous ayons, ayez...*).

HORS/OR

Hors est une préposition, signifiant *en dehors* : ***Hors*** *de ma vue !*

Or est une conjonction de subordination marquant l'apparition d'un fait ou d'un argument nouveau, souvent en contradiction avec ce qui précède : *Nous nous attendions à de violentes injures ;* ***or*** *un silence se fit.*

✲ LE TRUC : Remplacez *hors* par *en dehors de* et *or* par *mais.*

LA/L'A/LÀ

La est l'article défini ou le pronom personnel complément féminin : *Cette poupée, **la** petite fille **la** veut.*

L'a est constitué du pronom personnel complément singulier (masculin ou féminin) élidé, suivi de *avoir* au présent de l'indicatif : *Ce texte, il **l'a** lu. Cette faute, elle **l'a** faite.*

Là est l'adverbe de lieu ou la particule démonstrative : *Posez **là** cette bouteille-**là**.*

✲ LE TRUC : Remplacez *l'a* par un autre temps : *l'avait.*
Substituez à *la* le masculin *le.*

LEUR/LEURS

Leur est le pronom personnel pluriel COI/COS et demeure toujours invariable : *Je **leur** parle.*

Leur(s) est le déterminant possessif et s'accorde : *Ils sont venus avec **leur** père et **leurs** amis.*

✲ LE TRUC : *Leur* est toujours invariable quand il se trouve devant un verbe.

MAIS/MES

Mais est une conjonction de coordination : *Il est gentil, **mais** qu'est-ce qu'il est bête !*

Mes est un déterminant possessif pluriel : *Les ennemis de **mes** ennemis sont **mes** amis.*

✲ LE TRUC : *Mais* peut être remplacé par un autre terme exprimant l'opposition : *par contre, cependant...*

NI/N'Y

Ni est une conjonction de coordination, souvent redoublée : *Il n'est **ni** grand **ni** petit.*

N'y est formé de la négation *ne* élidée, suivie du pronom adverbial *y* : *Tu **n'y** parviendras jamais.*

✲ LE TRUC : *Ni* ne se trouve jamais devant un verbe conjugué, *n'y* toujours.

NOTRE, VOTRE/NÔTRE, VÔTRE

Notre, votre sont des déterminants possessifs : *Nous avons **notre** opinion, vous avez **votre** idée.*

Nôtre, vôtre sont des pronoms possessifs : *Nous avons la **nôtre**, vous avez les **vôtres**.*

✲ LE TRUC : *Notre, votre* se trouvent toujours devant un nom. *(Le, la, les) nôtre(s), vôtre(s)* peuvent être remplacés par d'autres pronoms possessifs : *mien, tien.*

ON/ONT

On est le pronom indéfini : ***On*** *a frappé à la porte.*

Ont est le verbe *être* à la 3e personne du pluriel du présent de l'indicatif : *Ils* ***ont*** *soif.*

✲ LE TRUC : *On* peut être remplacé par un autre pronom personnel : *il.*
Ont peut être remplacé par une autre forme du verbe *avoir* : *avaient, auront...*

OU/OÙ

Ou est une conjonction de coordination : *Vous préférez travailler* ***ou*** *partir en vacances ?*

Où est un adverbe de lieu ou un pronom interrogatif : ***Où*** *étiez-vous le soir* ***où*** *le crime eut lieu ?*

✲ LE TRUC : *Ou* est l'équivalent de *ou bien.*

PLUS TÔT/PLUTÔT

Plutôt est un adverbe signifiant « de préférence » ou « assez » : *Je suis* ***plutôt*** *heureux.*

Plus tôt, formé de deux adverbes, est le contraire de *plus tard* : *Tu es parti* ***plus tôt*** *que prévu.*

✲ LE TRUC : Remplacez *plutôt* par *assez* et *plus tôt* par plus *tard.*

QUAND/QUANT/QU'EN

Quand est un adverbe interrogatif ou une conjonction de subordination : *Je sais **quand** il part. **Quand** les poules auront des dents, les poussins auront des quenottes.*

Quant ne se trouve que dans la locution prépositionnelle *quant à* : ***Quant à lui**, je ne veux plus le voir.*

Qu'en est constitué de que (adverbe, conjonction de subordination, pronom relatif...) + le pronom adverbial en : *Ce n'est **qu'en** forgeant qu'on devient forgeron.*

✲ LE TRUC : *Quand* peut être remplacé par *lorsque* ou *même si*. *Quant à* signifie toujours « en ce qui concerne ».

QUEL/QU'ELLE

Quel(le) est un déterminant interrogatif-exclamatif : *Il ne sait **quel** parti prendre, **quel** imbécile !* On le trouve encore dans l'expression *tel(le) quel(le)*.

Qu'elle est formée de *que* + pronom personnel féminin *elle* : *Tout ce **qu'elle** veut, c'est qu'on ne voie **qu'elle**.*

✲ LE TRUC : *Quel* se trouve toujours devant un nom.
Qu'elle peut être mis au masculin : *qu'il*.

QUELQUE/QUEL QUE

Quelque peut être un déterminant : *Il a agi avec* ***quelques*** *amis et* ***quelque*** *courage.*

Quelque peut aussi être adverbe (donc invariable) : *Il y avait là* ***quelque*** *500 personnes.* ***Quelque*** *agréables qu'ils soient, ils ne seront jamais mes amis.*

Quel(le) que est une tournure qui exprime la concession et ne se trouve que dans les tournures du type *Quel qu'il soit, quelle qu'elle puisse être.*

✲ LE TRUC : Remplacez *quelques* déterminant par *plusieurs* et *quelque* par *un certain.*
Remplacez *quelque* adverbe, selon les cas, par *environ* (*environ 500 personnes*) ou par *si* (*si agréables qu'ils soient*).

QUOIQUE/QUOI QUE

Quoique est une conjonction de subordination synonyme de *bien que* : ***Quoiqu****'il soit charmant, je ne l'épouserai pas.*

Quoi que est une locution concessive signifiant « quelle que soit la chose que » : ***Quoi qu'****il fasse de charmant, elle ne l'épousera pas.*

✲ LE TRUC : Remplacez toujours *quoique* par *bien que.*

SANS/S'EN

Sans est une préposition : *Elle est venue* ***sans*** *ses affaires et* ***sans*** *nous prévenir.*

S'en est constitué du pronom réfléchi *se* + pronom adverbial *en* : *Il* ***s'en*** *va sans* ***s'en*** *occuper.*

S'en se trouve toujours devant un verbe (pronominal).

✲ LE TRUC : Remplacez *s'en* par *m'en* (*Je m'en vais sans m'en occuper*).

SITÔT/SI TÔT

Sitôt est un adverbe signifiant « dès (que) » : ***Sitôt*** *le repas fini, il monta dans sa chambre.* ***Sitôt*** *dit,* ***sitôt*** *fait !* Il sert aussi à former la locution conjonctive *sitôt que*.

Si tôt est formé de deux adverbes et s'oppose à *si tard* : *Tu es parti* ***si tôt*** *qu'on ne t'a pas entendu.*

Quant à l'expression *de sitôt/de si tôt*, les grammaires et les dictionnaires ne sont pas d'accord entre eux... Vous avez donc le choix : *On ne vous le redira pas* ***de sitôt/de si tôt*** *!*

✲ LE TRUC : Remplacez *si tôt* par son contraire *si tard*.

SOI/SOIT

Soit est le subjonctif présent du verbe *être* : ***Soit*** *un triangle ABC.* ***Soit*** *tu te tais,* ***soit*** *tu pars. Il faut qu'on* ***soit*** *attentif.*

Soi est un pronom réfléchi : *On a toujours besoin d'un plus petit que* ***soi***. (On le retrouve aussi dans l'adjectif invariable *soi-disant*.)

✲ LE TRUC : Remplacez *soi* par *moi, toi*.

SON/SONT

Son est le déterminant possessif de la 3e personne : *J'ai donné à mon fils* ***son*** *argent de poche.*

Sont est le verbe être à la 3e personne du pluriel du présent de l'indicatif : *Mes enfants* ***sont*** *dépensiers.*

✲ LE TRUC : Remplacez *son* par *ses*, et *sont* par *seront*.

LE + GRAMMAIRE

La conjugaison, est-ce *fatigant* ou *fatiguant* ?

Le participe présent (forme invariable) peut être confondu avec l'adjectif verbal en *-ant* (forme variable) : *Un travail fatigant* [adjectif] *m'a été donné* / *Ce travail fatiguant* [participe présent] *les élèves, le professeur l'a annulé.*

- Les verbes en *-guer* gardent le *u* au participe présent, mais pas à l'adjectif verbal : *naviguer, zigzaguer...*
- Les verbes en *-quer* gardent *qu* au participe présent, mais celui-ci devient *c* à l'adjectif verbal : *communiquer, convaincre...*
- Certains verbes ont un participe présent en *-ant* mais un adjectif verbal en *-ent* : *coïncider, négliger, précéder...*

Pour distinguer :

- L'adjectif verbal : lui antéposer un adverbe comme *très.*
- Le participe présent : l'encadrer par la négation *ne... pas.*

CHAPITRE 10

Vingt paronymes à distinguer

Si un(e) bel(le) inconnu(e) vous demande en mariage, lui ferez-vous part de votre acception ou de votre acceptation ? Avez-vous de l'inclinaison ou de l'inclination pour cette personne ? Peut-être allez-vous l'agonir ou l'agoniser d'injures ? Vous perdrez-vous en conjectures ou en conjonctures sur votre existence à venir ?

Les vingt astuces qui vont suivre pourront vous aider à mieux envisager une telle situation !

ACCEPTION OU ACCEPTATION ?

Acception : sens particulier d'un mot : *Dans la phrase, ce mot est utilisé dans une acception figurée.*

Acceptation : fait d'accepter, accord : *L'acceptation de notre projet ne fait aucun doute.*

AGONIR OU AGONISER ?

Agonir : injurier, insulter : *Il ne cesse de m'agonir d'injures.* (Agonir n'est presque plus utilisé que dans cette expression, même si, au regard du sens du verbe, elle peut paraître pléonastique !)

Agoniser : être à l'agonie, moribond : *Le malade agonisa toute la nuit.*

À L'INTENTION DE OU À L'ATTENTION DE ?

À l'attention de : s'applique au destinataire d'un envoi, d'une lettre : *Ce courrier est à l'attention de votre supérieur.*

À l'intention de : pour quelqu'un, afin de lui plaire, de lui faire plaisir : *Nous avons acheté un cadeau à votre intention.*

COLLISION OU COLLUSION ?

Collision : impact, heurt, accident : *La collision entre les deux véhicules n'a pas pu être évitée.*

Collusion : complicité, connivence : *Certains dénoncent les collusions entre politiques et médias.*

CONJECTURE OU CONJONCTURE ?

Conjecture : supposition, hypothèse : *Les scientifiques se perdent en conjectures sur l'origine de notre univers.*

Conjoncture : situation née d'une conjonction de circonstances : *La conjoncture économique ne s'améliore pas.*

ÉMINENT OU IMMINENT ?

Éminent : insigne, distingué, remarquable : *Je laisse la parole à mon éminent confrère.*

Imminent : qui menace de se produire, qui va survenir : *Le ciel se couvre, l'orage est imminent.*

ENDUIRE OU INDUIRE ?

Enduire : recouvrir une surface : *Il s'est enduit le corps de crème solaire.*

Induire : encourager ; inférer, conclure : *Ces mensonges nous ont induits en erreur.*

ÉRUPTION OU IRRUPTION ?

Éruption : jaillissement, apparition soudaine de quelque chose : *Le Vésuve connut plusieurs éruptions.*

Irruption : entrée brusque : *Il a fait soudain irruption dans notre vie.*

HABILETÉ OU HABILITÉ ?

Habileté : savoir-faire : *Ce magicien a montré toute son habileté.*

Habilité : qui a reçu une habilitation, qui est légalement capable d'exercer tel pouvoir : *Je ne suis pas habilité à vous juger.*

INCLINAISON OU INCLINATION ?

Inclinaison : obliquité, fait d'être incliné : *La tour de Pise est célèbre pour son inclinaison.*

Inclination : penchant, propension, affection : *Cette élève a révélé une certaine inclination pour les lettres.*

INFESTER OU INFECTER ?

Infester : envahir en très grand nombre : *La région était infestée de moustiques.*

Infecter : transmettre une infection : *De nombreux enfants ont été infectés par la grippe.*

MÉRITANT OU MÉRITOIRE ?

Méritant : digne d'estime ; ne se dit que d'une personne : *Cet élève, par ses efforts, se montre méritant.*

Méritoire : digne d'estime ; ne se dit que d'actes : *Les efforts de cet élève sont méritoires.*

PÉNITENCIER OU PÉNITENTIAIRE ?

Pénitencier (nom) : prison : *Ce détenu a rejoint le pénitencier.*

Pénitentiaire (adjectif) : relatif aux prisons, carcéral : *Le personnel pénitentiaire réclame plus de moyens.*

PERCEPTEUR OU PRÉCEPTEUR ?

Percepteur : fonctionnaire du Trésor recouvrant les contributions directes : *Elle a reçu un avertissement de son percepteur.*

Précepteur : professeur particulier : *Cet enfant révise ses leçons avec son précepteur.*

PERPÉTRER OU PERPÉTUER ?

Perpétrer : commettre (un crime) : *Le meurtre a été perpétré dans la nuit.*

Perpétuer : faire durer : *Il faut perpétuer le souvenir de nos aïeux.*

PRODIGE OU PRODIGUE ?

Prodige : miraculeux, exceptionnel : *Mozart était un prodige de la musique.*

Prodigue : dépensier : *On trouve dans la Bible la parabole du fils prodigue.*

PROLIXE OU PROLIFIQUE ?

Prolixe : trop long, verbeux dans ses discours ou écrits : *L'orateur a été prolixe lors de son éloge.*

Prolifique : qui se multiplie rapidement, qui produit beaucoup : *Les souris sont prolifiques. Balzac fut un écrivain prolifique.*

RECOUVRER OU RECOUVRIR ?

Recouvrer : rentrer en possession de (quelque chose qu'on avait perdu) : *Cet amnésique a recouvré la mémoire.*

Recouvrir : couvrir complètement, masquer : *Trente centimètres de neige recouvraient les rues.*

SOMPTUEUX OU SOMPTUAIRE ?

Somptueux : magnifique, splendide, luxueux : *Sa robe de soirée était somptueuse.*

Somptuaire : relatif aux dépenses : *À Rome, il existait dans l'Antiquité une loi somptuaire qui renseignait sur les dépenses.*

L'expression « dépenses somptuaires » est un pléonasme !

VÉNÉNEUX OU VENIMEUX ?

Vénéneux : qualifie les végétaux contenant du poison : *La ciguë est une plante vénéneuse.*

Venimeux : qualifie les animaux qui ont du venin et, au sens figuré, une personne ou une chose pleines de haine, de méchanceté : *Nombre de serpents sont venimeux. Vos propos venimeux ne m'atteignent pas.*

CHAPITRE 11

Masculin ou féminin ? Question de genre !

Un ou *une* urticaire ? Si les problèmes de genre vous donnent des boutons, lisez ce qui suit !

LES NOMS MASCULINS

Voici quarante noms masculins sur le genre desquels on hésite souvent :
Abysse, agrume, amiante, antidote, antipode, apogée, arcane, armistice, asphalte, astérisque, augure, auspice, baffle, chrysanthème, colchique, décombres, effluve, éloge, en-tête, entracte, exode, fastes, girofle, granule, haltère, hiéroglyphe, ivoire, méandre, météore, obélisque, pénates, pétale, planisphère, sévices, stigmate, tentacule, termite, testicule, trille, wi-fi.

LES NOMS FÉMININS

Pour respecter la parité, quarante noms féminins que l'on a tendance à mettre au masculin :
Acné, aérobic, aérogare, affres, alluvion, ambages, anagramme, apostrophe, argile, arrhes, autoroute, calendes, câpre, drachme, ébène, ecchymose, échappatoire, écritoire, égide, éphéméride, épitaphe, épithète, frasques, immondice, ocre, octave, omoplate, oriflamme, orque, prémices, scolopendre, sépia, spore, stalactite, stalagmite, topaze, urticaire, vicomté, vis.

LE + GRAMMAIRE

Masculin ou féminin : faites votre choix !

La langue française n'est pas toujours une maîtresse tyrannique... Parfois, elle sait se montrer souple : pour preuve, ces quarante noms qui acceptent les deux genres :

Acmé, after, alvéole, après-midi, arnica, barbouze, baston, chienlit, clope, cola, country, disparate, ecstasy, entre-deux-guerres, enzyme, éphémère, flammekueche, happy end, HLM, holding, interview, leggings, lime, lombes, manucure, mérule, météorite, oasis, palabre, parka, perce-neige, pita, quatre-épices, quatre-quatre, réglisse, silicone, sitcom, synopsis, tempura, thermos.

LES NOMS « BISEXUELS »

Certains noms changent de sens en passant du masculin au féminin. Voici les quarante principaux :

NOM	SENS AU MASCULIN	SENS AU FÉMININ
aide	auxiliaire, personne qui aide	action d'aider
aigle	rapace mâle	rapace femelle, figure héraldique, enseigne militaire (*aigles romaines*)
cache	objet servant à masquer une surface	lieu secret, cachette
cartouche	ornement architectural ; encadrement	projectile, étui
crème	café crème	matière grasse du lait
crêpe	tissu	galette

critique	personne qui juge	jugement
enseigne	officier portant le drapeau	drapeau, panneau
épigramme	tranche d'agneau	petit poème
espace	lieu, firmament	tige en métal (typographie) ; blanc entre les mots
finale	dernier morceau d'un opéra	dernière épreuve d'un tournoi
foudre	« un foudre de guerre, d'éloquence » ; « le foudre de Zeus »	phénomène météorologique
garde	gardien, surveillant	action de garder, de protéger
geste	mouvement du corps	ensemble de poèmes épiques ; « les faits et gestes »
gîte	abri, logement ; morceau de bœuf	inclinaison d'un bateau
greffe	bureau d'un tribunal	action de greffer ; plante greffée
guide	accompagnateur	au pluriel : lanières de cuir pour diriger un cheval
hymne	chant, poème lyrique	cantique, psaume
laque	objet d'art en laque	suc de certains arbres ; peinture ; spray pour cheveux ; vernis à ongles

légume	végétal	« une grosse légume » : un personnage important (familier)
manche	partie longue d'un outil	partie du vêtement
manœuvre	ouvrier	opération manuelle ; machination
mémoire	dissertation ; au pluriel : autobiographie	faculté mémorielle
merci	remerciement	pitié (« sans merci »)
millefeuille/ mille-feuille	pâtisserie	plante
mode	terme de grammaire ; méthode, processus	vogue, tendance
Noël, noël	fête religieuse ; chant de Noël	« la Noël » (la fête de Noël)
œuvre	« le gros œuvre, le second œuvre » (architecture) ; « le grand œuvre » ; ensemble des œuvres d'un artiste	activité, travail ; réalisation artistique
onagre	âne sauvage ; machine de guerre	plante (herbe aux ânes)
orge	« orge mondé, orge perlé »	céréale
ouvrage	œuvre, travail	« de la belle ouvrage » (populaire)

Pâques	fête chrétienne (sans article : « Pâques est célébré »)	au pluriel : la fête de Pâques (« Joyeuses Pâques »)
parallèle	comparaison ; cercle de latitude	droite parallèle
pendule	balancier oscillant	horloge
physique	aspect général	science
plastique	matière synthétique	beauté des formes du corps
poste	corps de garde ; fonction, place ; emplacement	service de distribution du courrier
relâche	interruption d'une activité (« faire relâche », « sans nul relâche »)	lieu où un navire fait escale
solde	différence entre crédit et débit ; rabais	rémunération des militaires
voile	morceau de tissu qui cache	morceau de toile sur un bateau

LES HOMONYMES MASCULINS-FÉMININS

Un certain nombre d'homonymes homographes (qui s'écrivent de la même façon) n'ont pas le même genre :

NOM	SENS AU MASCULIN	SENS AU FÉMININ
barde	poète celte	tranche de lard
bogue	francisation de *bug*, défaut d'un logiciel	enveloppe de la châtaigne
boum	bruit d'explosion ; essor	surprise-party

bugle	instrument à vent	plante herbacée
carpe	os de la main	poisson
coche	chaland de rivière ; voiture hippomobile	entaille ; marque en forme de *v*
foudre	grand tonneau	phénomène météorologique
grêle	intestin grêle	phénomène météorologique
livre	ouvrage imprimé	monnaie ; unité de masse
moule	modèle creux	mollusque
mousse	apprenti marin	écume
ombre	poisson	zone d'ombre
page	jeune noble	côté d'une feuille
platine	métal	pièce plate
poêle	appareil de chauffage ; drap recouvrant le cercueil	ustensile de cuisine
ponte	joueur dans certains jeux de hasard ; personnage important (familier)	action de pondre
somme	action de dormir	addition, total
tour	circonférence, balade	bâtiment
vague	flou, imprécision	mouvement de la mer
vase	récipient	boue

DES GENS QUI POSENT PROBLÈME

Les gens ont une très mauvaise habitude : les adjectifs qui les accompagnent sont tantôt masculins, tantôt féminins !

Comment faire ? C'est en fait assez simple : l'adjectif qui précède immédiatement se met au féminin (*de bonnes gens*) ; l'adjectif qui suit se met au masculin (*de bonnes gens sérieux*).

Quant aux locutions du type *gens de robe, gens d'Église, gens d'affaires, gens de loi*, etc., le nom *gens* y est toujours masculin (*de vrais gens de lettres*).

4

On ne sait jamais comment ça se termine !

Trucs pour mieux accorder

Quittons un peu l'orthographe dite « d'usage » pour pénétrer dans les terres – parfois hostiles ! – de la grammaire et de ses accords souvent retors !

Contrairement à l'orthographe, qui requiert une bonne dose de par cœur mais peu de réflexion, la grammaire, quant à elle, demande moins de mémorisation mais plus de rigueur dans le raisonnement. Courage, ce n'est pas si difficile !

CHAPITRE 12

Dix trucs pour accorder le verbe et son sujet

CINQ ACCORDS DE BASE

Le verbe conjugué

Il s'accorde toujours avec son sujet.

Si le sujet est au singulier, le verbe sera au singulier : *La ville **dort**.*

Si le sujet est au pluriel, le verbe se mettra au pluriel : *Les villes **dorment**.*

Il en va de même avec les personnes grammaticales : *Je dors, il dort, nous dormons, ils dorment...*

Les sujets coordonnés

Si les sujets sont coordonnés, le verbe s'accorde au pluriel : *Mon père et ma mère **dorment**. Ma sœur ainsi que mon frère **dorment**.*

Petite subtilité : Avec *comme, ainsi que, avec*, si le groupe nominal se trouve entre virgule, il constitue une espèce de rajout et n'est pas considéré comme coordonné au sujet ; le verbe ne s'accordera donc qu'avec le « vrai » sujet : *Mon père comme ma mère **dorment*** mais *Mon père, comme ma mère, **dort**.*

Le sujet est un nom collectif

Les « collectifs » sont des noms qui expriment une entité plurielle : *groupe, bande, kyrielle, tas, nuée*... Dans ce cas, l'accord peut se faire avec ce nom ou avec son complément, au choix : *Une bande de jeunes* ***est arrivée/sont arrivés****.*

De même avec les termes exprimant une proportion, des pourcentages ou des fractions : *Une majorité des Français* ***a/ont*** *voté oui. Deux tiers des Français* ***a/ont*** *voté oui. 75 % des Français* ***a/ont*** *voté oui.*

Attention : Avec *la plupart* (qu'il soit suivi ou non de son complément), *beaucoup de, bien des, une infinité de, assez de, trop de, tant de, combien de, nombre de* et *force*, l'accord au pluriel est obligatoire : *La plupart des Français* ***ont*** *voté oui. La plupart ne* ***se sont*** *pas* ***abstenus****. Une infinité d'étoiles* ***luisent*** *au firmament. Nombre de mes amis* ***viendront****. Force mets* ***furent servis****.*

Le sujet est postposé

Si le sujet est postposé, il ne faut pas oublier l'accord du verbe.

En français, le sujet se met le plus souvent devant le verbe. Néanmoins, dans certaines phrases, notamment les interrogatives, le sujet se trouve placé derrière son verbe : dans ce cas, il convient d'accorder le verbe très normalement avec ce sujet postposé : *Que* ***mangent*** *donc les ornithorynques ?* ***Restent*** *mes parents et toi. Qu'****importent*** *leurs réserves.*

Le sujet est un pronom relatif

Si le sujet est un pronom relatif, le verbe s'accorde avec l'antécédent de ce pronom : *Est-ce toi qui* ***as*** *fait ça ? C'est nous qui* ***décidons****. Ô philosophe qui toujours* ***as*** *chéri la sagesse.*

CINQ ACCORDS PLUS SUBTILS

Sujets coordonnés par *ou* ou *ni*

Deux cas peuvent se présenter :

- Si la conjonction marque une idée d'exclusion, d'opposition, le singulier s'impose : *Une femme ou un homme* ***obtiendra*** *le poste de directeur.*
- Si la conjonction est quasi équivalente à *et*, le verbe se met au pluriel : *À ce poste, une femme ou un homme* ***conviendront*** *aussi bien.*

Peu de/le peu de

Avec *peu de*, l'accord se fait avec le complément : *Peu d'argent* ***est dépensé.*** *Peu de dépenses* ***ont*** *été* ***engagées****.*

Avec *le peu de* :

- L'accord se fait au pluriel (avec le complément), si l'idée est positive : *Le peu d'amis que j'ai me* ***satisfont*** *pleinement.*
- L'accord se fait au singulier (avec *le peu*), si l'idée implique un manque : *Le peu d'amis que j'ai ne me* ***satisfait*** *pas.*

Plus d'un/moins de deux

Après *plus d'un*, le verbe se met au singulier (*Plus d'un homme* ***attend*** *le bonheur*), sauf si le verbe est à la forme pronominale avec un sens de réciprocité (*Plus d'un amoureux* ***s'envoient*** *des textos enflammés*).

Après moins de deux, l'accord se fait toujours au pluriel : *Moins de deux invités* ***sont venus***.

Titre d'œuvre au pluriel

Si le sujet est un titre au pluriel contenant un déterminant (*les, des...*), l'accord se fait au singulier ou au pluriel : Les Mémoires d'outre-tombe ***est/sont*** *un peu long(s).*

En l'absence de déterminant, le singulier s'impose : Alcools *d'Apollinaire* ***est*** *un recueil des plus enivrants !*

Groupes juxtaposés

On accordera le verbe au singulier :

- Quand des groupes nominaux juxtaposés sont synonymes : *La prétention, la suffisance, l'arrogance ne* ***donne*** *jamais rien de bon.*
- Quand ils se succèdent en une gradation : *Un roc, un pic, un cap, une péninsule ne* ***saurait*** *convenir à Cyrano.*
- Quand le dernier membre résume les autres : *Joie, tristesse, colère, rien ne m'****a*** *été épargné.*
- Quand *aucun, chacun, nul, tout* sont répétés : *Nul homme, nul animal, nul extraterrestre ne* ***doit*** *être maltraité.*

CHAPITRE 13

Dix trucs pour accorder ses noms au féminin

Ah ! l'éternel féminin… Éternels problèmes d'accord, surtout ! Pas de panique : voici le guide pour ne pas se faire éconduire… orthographiquement, s'entend !

LE E FINAL

La plupart des noms féminins se terminent par un *e*.

☻ LES EXCEPTIONS :

- Quelques noms en *-s* : *brebis, fois, souris.*
- Quelques noms en *-x* : *croix, noix, paix, perdrix, poix, toux, voix.*
- Quelques noms se terminent en *-i* : *foi (croyance), fourmi.*

LES NOMS FÉMININS EN *-UE*

Ces noms prennent un *e* final : *la grue, la laitue…*

☻ LES EXCEPTIONS : *bru, glu, tribu, vertu.*

LES NOMS FÉMININS EN *-TÉ*

Ils ne prennent pas de *e* final : *liberté, égalité, fraternité.*

☻ LES EXCEPTIONS :

- Les noms désignant un contenu : *brouettée, fourchetée, pelletée* ;
- Les noms venant d'un participe passé : *la butée, la jetée, la portée.*

LA FORMATION DU FÉMININ

Il se forme par l'ajout d'un *e* : *ami = amie ; ours = ourse...*

LE REDOUBLEMENT DE LA CONSONNE PRÉCÉDENTE

De nombreux féminins la redoublent :

- Masculin en *-en* = féminin en *-enne* : *chien = chienne.*
- Masculin en *-on* = féminin en *-onne* : *patron = patronne.*

☻ LES EXCEPTIONS : *démone, mormone.*

- Masculin en *-et* = féminin en *-ette* : *muet = muette.*

☻ LES EXCEPTIONS : *complète, concrète, désuète, discrète, inquiète, préfète, replète, secrète.*

LA CONSONNE QUI NE REDOUBLE PAS

Quelques féminins ne redoublent pas la consonne précédente :

- Masculin en *-an* = féminin en *-ane* : *partisan = partisane.*

☻ LES EXCEPTIONS : *paysanne, rouanne, valaisanne.*

- Masculin en *-ot* = féminin en *-ote* : *idiot = idiote.*

☻ LES EXCEPTIONS : *bellotte, boulotte, jeunotte, maigriotte, pâlotte, sotte, vieillotte.*

- Masculin en *-at* = féminin en *-ate* : *rat = rate.*

☻ L'EXCEPTION : *chatte.*

- Masculin en *-in* = féminin en *-ine* : *voisin* = *voisine*.

☻ LES EXCEPTIONS : *bénin* = *bénigne* ; *malin* = *maligne* (**maline* n'existe pas !)

LES MASCULINS EN *-C*

Ils font leur féminin en *-que* : *public* = *publique* ; *turc* = *turque*.

☻ LES EXCEPTIONS : *blanc, franc, sec* = *blanche, franche, sèche* ; *grec* = *grecque*.

LES ADJECTIFS EN *-GU*

Ils font leur féminin en *-guë*. Quatre adjectifs courants sont concernés : *aiguë, ambiguë, contiguë, exiguë*.

LES NOMS DE PARENTÉ ET D'ANIMAUX

Ils sont souvent irréguliers.

- Parenté : *fils* = *fille* ; *frère* = *sœur* ; *gendre* = *bru* ; *mari* = *femme* ; *neveu* = *nièce* ; *parrain* = *marraine* ; *père* = *mère*.
- Animaux : *cheval* = *jument* ; *jars* = *oie* ; *lévrier* = *levrette* ; *lièvre* = *hase* ; *loup* = *louve* ; *poulain* = *pouliche* ; *sanglier* = *laie* ; *singe* = *guenon* ; *taureau/bœuf* = *vache* ; *veau* = *génisse* ; *verrat/porc* = *truie*.

LES IRRÉGULIERS

Canut = *canuse* ; *coi* = *coite* ; *compagnon* = *compagne* ; *dieu* = *déesse* ; *esquimau* = *esquimaude* ; *favori* = *favorite* ; *hébreu* = *hébraïque* ; *roi* = *reine* ; *serviteur* = *servante* ; *tiers* = *tierce*.

CHAPITRE 14

Trente trucs pour accorder ses noms au pluriel

Pour qui sont ces serpents qui sifflent sur nos pluriels ? Le français utilise en effet, dans l'immense majorité des cas, ce petit *s* ajouté en fin de mot afin de marquer le pluriel… Mais les exceptions sont nombreuses et pour certaines déroutantes. Remettons donc un peu d'ordre dans ces problèmes pour le moins… singuliers !

TROIS TRUCS POUR FORMER LE PLURIEL EN -*S*

Le pluriel se marque par l'ajout d'un s

Des chaises, des plombs, des achats, des coqs, des slows, des bisous…

Les noms de jours et de mois

Ils s'accordent normalement : *la semaine des quatre jeudis, des aoûts torrides*

Attention : dans les expressions comme *les mardis soir*, le nom *soir* reste invariable, car il a ici une valeur adverbiale.

Les mots abrégés par apocope

Ils prennent un *s* au pluriel. Les noms raccourcis par la droite (on parle d'apocope) s'accordent tout à fait normalement : *des profs, des motos, des colocs, des exams, des psys...*

SEPT TRUCS POUR FORMER LE PLURIEL EN *-X*

Les noms en *-eau*

Ces noms font leur pluriel en *-eaux* : *des cadeaux, des châteaux, des seaux...*

Les noms en *-eu/-œu*

Ils prennent un *x* au pluriel : *des feux, des aveux, des vœux...*

☻ LES EXCEPTIONS : *bleus, émeus, enfeus, lieus* (poissons), *neuneus, pneus, richelieus.*

Les noms en *-au*

Ils prennent un *x* au pluriel : *des tuyaux, des boyaux...*

☻ LES EXCEPTIONS : *berimbaus, graus, landaus, sarraus, senaus, unaus.*

Sept noms en *-oux*

Ce sont *bijoux, cailloux, choux, genoux, hiboux, joujoux, poux*, auxquels on peut ajouter : *ripoux/ripous et tripoux/tripous.*

✲ LES TRUCS : Les bijoux sont des cailloux. Les hiboux sont dans les choux. Les enfants préfèrent les joujoux aux poux. Sous une croix, mettez-vous à genoux.

Les noms en *-al*

La plupart d'entre eux font leur pluriel en *-aux* : *des chevaux, des journaux, des cristaux, des arsenaux, des piédestaux...*

☻ LES EXCEPTIONS : *bals, cals, carnavals, cérémonials, chacals, chorals, festivals, gavials, narvals, pals, régals, rorquals, santals,* ***servals****, sisals.*

On peut dire des *idéals* ou des *idéaux*.

Sept noms en *-ail*

Ont un pluriel en *-aux* : *baux, coraux, fermaux, gemmaux, soupiraux, vantaux, vitraux.*

On peut dire *des ails* ou *des aulx* (pluriel vieilli).

Quelques noms irréguliers

Ciel = cieux ; œil = yeux ; aïeul = aïeux.

CINQ TRUCS POUR LAISSER SON PLURIEL INVARIABLE

Les noms terminés par -s, -x, -z

Ils restent inchangés au pluriel : *une souris = des souris ; une toux = des toux ; un gaz = des gaz...*

Les noms de notes

Ils sont invariables : *des sol, des fa dièse, des mi bécarre.*

Les noms de lettres grecques

Elles sont invariables : *des alpha, des epsilon, des mu...*

Les sigles et acronymes

Ils sont en général invariables : *des CD, des DVD, des SICAV...*

☻ LES EXCEPTIONS : certains acronymes sont tellement intégrés qu'ils s'écrivent en minuscules et s'accordent normalement : *des ovnis, des lasers, des radars, des sonars, des sidas.*

Les noms de marques

Ils sont en général invariables.

En tant que noms propres, les noms déposés doivent rester invariables : *des Renault, des Kärcher...*

Néanmoins, certains sont entrés dans l'usage (et dans les dictionnaires !), si bien qu'ils sont désormais considérés comme des noms communs « normaux » et s'accordent comme tels : *des Escalators/escalators ; des Frigidaires/frigidaires ; des Sopalins/sopalins...*

DIX TRUCS POUR ACCORDER LES NOMS COMPOSÉS

Naguère encore bête noire de bien des Français, les noms composés se sont vu peu à peu apprivoiser par les dictionnaires à coups de simplifications et de régularisations... de sorte qu'une tolérance accrue est désormais de mise ! Néanmoins, il siéra de connaître quelques règles de base afin de bien les accorder.

Tout dépend en fait de la nature grammaticale des éléments qui constituent les noms composés.

Nom + Nom

Les deux membres s'accordent : *des bars-tabacs, des hommes-grenouilles...*

☻ LES EXCEPTIONS : Lorsque une préposition est sous-entendue, le second nom a tendance à demeurer invariable : *des stations-service* (= *pour* le service), *des années-lumière* (= des années *de* lumière), *des assurances-vie* (= des assurances *sur* la vie).

Nom + Adjectif/Adjectif + Nom

Les deux membres s'accordent : *des ronds-points, des francs-maçons...*

☻ LES EXCEPTIONS : Si l'adjectif est utilisé comme adverbe, il demeure invariable : *des haut-parleurs, des long-courriers.*

De même, si le nom est considéré comme un complément, il reste invariable : *des terre-pleins, des petits-beurre.*

Dans les composés formés sur grand, l'usage hésite : *des grands-pères, des grand(s)-mères, des grandes-duchesses.*

Nom + Préposition + Nom

Seul le premier nom s'accorde : *des arcs-en-ciel, des œils-de-bœuf, des amours-en-cage, des queues-de-cochon...*

☻ LES EXCEPTIONS : Si le nom composé est formé d'un groupe verbal réduit, les deux composants sont invariables : *passer du coq à l'âne = des coq-à-l'âne ; mettre le pot au feu = des pot-au-feu ; être en tête à tête = des tête-à-tête...*

Mot invariable + Nom

Seul le nom prend la marque du pluriel :

- Préposition + nom : *des à-côtés, des sans-papiers, des avant-gardes, des contre-attaques.*
- Adverbe + nom : *des non-lieux, des quasi-contrats, des vice-présidents.*
- Éléments gréco-latins : *des micro-ondes, des gastro-entérites.*
- *Demi-* + nom : *des demi-mesures.*

Verbe + COD

Le verbe reste toujours invariable ; le nom, quant à lui, prend de plus en plus souvent la marque du pluriel : *un passe-montagne = des passe-montagnes ; un appuie-tête = des appuie-têtes ; un ouvre-boîte = des ouvre-boîtes.*

Selon le sens, certains noms devraient imposer l'invariabilité ; néanmoins, par souci de régularisation, on les trouve de plus en plus souvent accordés : *des porte-bonheur(s).*

De même, certains noms portent déjà la marque d'un pluriel sémantique au singulier : *un hache-légumes (des hache-légumes) ; un porte-cigarettes (des porte-cigarettes).* Toutefois, là encore les simplifications semblent de mise dans les dictionnaires les plus récents : *un hache-légume(s), un porte-cigarette(s), un porte-avion(s)...*

Autres formations

Quand le nom composé est formé à partir d'une phrase, d'une locution adverbiale, d'infinitifs, de noms propres ou d'onomatopées, l'invariabilité est la règle : *des qui-vive, des sot-l'y-laisse, des on-dit, des ouï-dire, des copier-coller, des Coca-Cola, des coin-coin...*

Noms composés soudés

Ils ne sont plus sentis comme des noms composés et s'accordent comme des noms simples : *des gendarmes, des vinaigres, des portemines...*

☻ LES EXCEPTIONS : *un bonhomme = des bonshommes ; un gentilhomme = des gentilshommes ; monsieur = messieurs ; madame = mesdames ; mademoiselle = mesdemoiselles ; monseigneur = messeigneurs.*

Noms composés sans trait d'union

Ils obéissent aux mêmes règles que les composés à trait d'union : *des hôtels de ville, des chemins de fer, des petits pois, des libres arbitres...*

Noms composés d'origine anglaise

Seul le second terme s'accorde : *des week-ends, des pull-overs, des fast-foods, des hot-dogs...*

Certains noms composés demeurent néanmoins invariables : *des after-shave, des baby-foot, des bed and breakfast, des fox-trot, des hold-up, des one-man-show, des pop-corn, des start-up...*

Quelques pluriels bizarres

Certains noms composés ont un pluriel inattendu :

- *un ayant droit = des ayants droit ; un carême-prenant = des carêmes-prenants.*
- *un aller-retour = des allers-retours ; un blanc-manger = des blancs-mangers.*
- *un chevau-léger = des chevau-légers* (cavalier de la garde d'un souverain).
- malgré la prononciation, on écrit : *des crocs-en-jambe, des guets-apens, des ponts aux ânes, des porcs-épics.*
- les composés sur *garde-* : *garde-* est un verbe et reste donc invariable, lorsqu'il désigne une chose (*des garde-côtes* = bateaux) ; il est un nom et s'accorde lorsqu'il désigne une personne (*des gardes-côtes* = agents chargés de la surveillance des côtes).

CINQ TRUCS PLUS SUBTILS

Noms à double pluriel

Quelques noms présentent deux pluriels, avec d'appréciables nuances de sens :

- *Des yeux/des œils* : *œils* est employé avec le sens technique de « trou, ouverture ».
- *Des travaux/des travails* : *travails* désigne l'appareil du maréchal-ferrant.
- *Des ciels/des cieux* : *cieux* s'emploie poétiquement ou emphatiquement ; *des ciels* est le « vrai » pluriel (*tableau* ; *climat* ; *plafond de carrière* ; *couronnement d'un lit*).

- *Des aïeuls/des aïeux* : *aïeuls* désigne les grands-parents, *aïeux* les ancêtres.

Pluriel des noms propres

La règle générale exige l'invariabilité : *Les Martin vénèrent le génie des Curie et des frères Lumière.*

☻ LES EXCEPTIONS :

- Quelques noms de familles historiques prennent un *s* (héritage de l'usage latin) : *les Antonins, les Bourbons, les Capets, les Césars, les Condés, les Flaviens, les Gracques, les Horaces, les Plantagenêts, les Ptolémées, les Stuarts, les Tudors...*
- Si par figure de style (appelée antonomase), un nom propre est utilisé comme nom commun, il prend la marque du pluriel : *La France a eu ses Cicérons et ses Sénèques.*
- Les noms géographiques s'accordent s'ils désignent des entités distinctes : *les Amériques, les deux Corées, les deux Savoies.* (Mais : *Il y a deux France : celle des villes et celles des champs.*)
- Quand une œuvre est désignée par le nom de son artiste, on accorde ou non, avec une préférence pour l'invariabilité : *J'ai lu deux Corneille(s) et trois Racine(s).*
- Les noms de journaux, de revues, les titres de romans et de pièces de théâtre restent invariables : *J'ai joué dans plusieurs* Hamlet.

Pluriel des emprunts

La plupart des noms empruntés aux autres langues sont intégrés à notre lexique et prennent donc la marque du pluriel français. Néanmoins, les mots les plus récents ou techniques ont tendance à conserver (snobisme oblige ?) leur pluriel d'origine, souvent perçu comme une marque d'érudition :

- allemand : *un Land = des Länder* ; *un lied = des lieder* ; *un leitmotiv = des letimotive.*
- anglais : *un match = des matches ; un whisky = des whiskies ; un tennisman* (faux anglicisme) *: des tennismen.*
- arabe : *un moudjahid = des moudjahidin(e).*
- breton : *un bagad = des bagadou ; un fest-noz = des festou-noz.*
- italien : *un scenario = des scenarii ; une prima donna = des prime donne.*
- espagnol : *un conquistador = des conquistadores.*
- grec ancien : *un kouros = des kouroi ; un ostracon = des ostraca.*
- hébreu : *un kibboutz = des kibboutzim.*
- latin : *un stimulus = des stimuli ; un minimum = des minima.*

Certains latinismes demeurent invariables : *des amen, des Ave, des credo, des requiem, des satisfecit, des veto...*

Néanmoins, là encore, les dictionnaires les plus récents ont tendance à les franciser et à leur conférer le *s* du pluriel.

Des singuliers faussement pluriels

Quelques noms ont un *s* (qui n'a rien à voir avec l'*s* du pluriel) dès le singulier : *corps ; cours* et ses dérivés *concours, recours, secours* ; *fonds* (de commerce) et son dérivé *tréfonds* ; *lacs* (lacet, piège) et son dérivé *entrelacs* ; *mets* et son dérivé *entremets ; puits ; remords ; temps ; vers ; aurochs.*

Des pluriels toujours pluriels

Environ 200 noms français n'existent qu'au pluriel ; parmi les plus courants : *agissements, aguets, alentours, archives, arrhes, condoléances, confins, décombres, ébats, fiançailles, frais, funérailles, honoraires, mœurs, obsèques, parages, pénates, prémices, représailles, sévices, ténèbres...*

CHAPITRE 15

Quinze trucs pour accorder ses adjectifs

L'adjectif qualificatif s'accorde en genre et en nombre avec le nom qu'il qualifie.

CINQ TRUCS DE BASE

Le s du pluriel

Un garçon gentil = des garçons gentils, des filles gentilles.

Les adjectifs en -eau

Ils font leur pluriel en *-eaux* : *un nouveau tableau = de nouveaux tableaux.*

Les adjectifs en -al

Ils font leur pluriel en *-aux* : *le tri postal = les tris postaux.*

☻ LES EXCEPTIONS : font leur pluriel en *-als* : *banal* (commun), *bancal, fatal, natal, naval.*

Certains ont les deux pluriels possibles : *austral, boréal, causal, final, glacial, idéal, jovial, pascal, tonal.*

Les adjectifs invariables

Un certain nombre d'adjectifs demeurent invariables :

- Familiers et/ou abrégés : *bateau, bidon, bœuf, capot, chou, classe, impec, météo, nickel*...
- Empruntés à l'anglais : *cheap, clean, cool, design, smart, sport, trash, vintage*...
- Empruntés à d'autres langues : *casher, halal, kitsch, lambda, rococo, zen*...
- Adverbes employés comme adjectifs : *avant, arrière, bien, debout*...
- Locutions, adjectifs composés : *bon enfant, bon marché, top secret, vieux jeu*...

Les adjectifs employés comme adverbes

Certains adjectifs (essentiellement *court, fin, bas, cher, droit, fort, haut, plein*) peuvent être employés en tant qu'adverbes et restent alors invariables : *Elle a les cheveux coupés* ***court****. Ils sont* ***fin*** *saouls. Elles parlent* ***fort****.*

CINQ TRUCS POUR ACCORDER LES ADJECTIFS DE COULEUR

Les vrais adjectifs de couleur

Ces adjectifs s'accordent. La liste est assez brève : *beige, bis, blanc, bleu, blond, brun, châtain, cramoisi, écru, glauque, gris, jaune, noir, pers, rouge, roux, vermeil, vert, violet.*

Les noms de couleurs utilisés comme adjectifs

Ils restent invariables. Ce sont les plus nombreux : *Des pantalons **marron**. Des casquettes **orange**. Des cravates **fuchsia**.*

Six (fausses) exceptions

Six noms, qui étaient à la base des adjectifs, s'accordent : ***écarlate, fauve, incarnat, mauve, pourpre, rose.***

✲ LE TRUC : Les initiales de ces adjectifs forment le mot ***EMPIFR.***

Les adjectifs composés

Ils sont toujours invariables. *Des ciels **gris-noir**. Des cheveux **châtain clair**. Des vestes **bleu pétrole.***

Des vaches blanc et noir *vs* des vaches blanches et noires

Des vaches blanc et noir : toutes les vaches sont bicolores blanc *et* noir (adjectif composé).
Des vaches blanches et noires : certaines vaches sont blanches, d'autres noires.

CINQ TRUCS POUR CINQ ADJECTIFS PARTICULIERS

Demi

Placé devant le nom, il est invariable : *des **demi**-heures.*
Placé après le nom, il varie en genre : *une heure et **demie**, trois mois et **demi**.*

Nu

Placé devant le nom, il est invariable : *nu-tête, nu-pieds.*
Placé après le nom, il varie en genre et en nombre : *tête nue, pieds nus.*

Bon, frais, grand, nouveau

Ces adjectifs s'accordent lorsqu'ils sont placés avant d'autres adjectifs : *bons derniers, fraîche éclose, grands ouverts, nouveaux venus.*

Feu

L'adjectif *feu* (décédé) :

- s'accorde quand il est inclus dans le groupe nominal : *les **feus** princes.*
- reste invariable quand il précède le groupe nominal : ***feu** les princes.*

Possible

Il est invariable dans les tournures *le plus de, le moins de* : *Nous avons commis le moins de fautes **possible**.*
Par ailleurs il s'accorde très normalement : *Nous avons commis toutes les fautes **possibles**.*

CHAPITRE 16

Dix trucs pour accorder ses déterminants

Ces petits mots qui introduisent le groupe nominal peuvent parfois causer des maux de tête carabinés... Voici cinq antimigraineux, délivrés sans ordonnance !

EN GÉNÉRAL

Les déterminants s'accordent généralement en genre et en nombre avec le nom qu'ils déterminent.
Mes *opinions.* ***Des*** *erreurs.* ***Ces*** *livres-**ci**.* ***Quels*** *nom et prénom portez-vous ?* ***Tous*** *les hommes naissent libres et égaux.* ***Quelques*** *exceptions.*

AUCUN, NUL

Ils sont toujours au singulier, sauf si le nom qui suit n'existe qu'au pluriel : ***aucune*** *critique,* ***nulle*** *envie ;* mais : ***aucuns*** *frais,* ***nulles*** *funérailles.*

MÊME

Il s'accorde, quand il est adjectif :

- entre l'article et le nom : *Les **mêmes** intérêts.*
- placé derrière le nom et signifiant « en personne » : *Elles ont décidé elles-**mêmes.***

- placé derrière le nom (il ne peut pas être antéposé) : *Ils sont la gentillesse et la bonté **même**.*

Il est invariable quand il est adverbe :

- devant le groupe nominal (= aussi) : ***Même** ses ennemis l'ont félicité.*
- placé derrière le nom (il peut être aussi antéposé) : *Ses ennemis **même** l'ont félicité.*

QUELQUE

Il s'accorde quand il est déterminant :

- au singulier : *Il agit avec **quelque** précipitation. Je reste **quelque** temps.*
- au pluriel : *Il a **quelques** réticences. Il a 30 ans et **quelques**.*

Il reste invariable quand il est adverbe ; il signifie alors « environ » : ***Quelque** cinq mille spectateurs étaient là.*

TEL

Tel s'accorde avec le nom qui suit : *Le froid nous transperça, **tels** des milliers d'aiguilles.*

TEL QUE

Au contraire, *tel que* s'accorde avec le nom qui précède : *Les langues romanes, **telles que** le français et l'espagnol.*

QUATRE TRUCS POUR ACCORDER *TOUT*

Cauchemar des écoliers (et pas seulement !), l'accord de *tout* est assez simple, pour peu qu'on ait bien analysé sa nature.

Tout (déterminant)

Il s'accorde : *tout, toute, tous, toutes*. Placé devant un groupe nominal, il est déterminant et donc s'accorde avec le nom qu'il détermine : ***Tout*** *le jour.* ***Toute*** *la journée.* ***Tous*** *les jours.* ***Toutes*** *les joies.* ***Tout*** *homme.* ***Toute*** *femme.*

Tout (pronom)

Il s'accorde : *tout, toute, tous, toutes*. Il s'accorde en genre et en nombre avec son référent : ***Tout*** *est bien qui finit bien. Il les a* ***tous*** *et* ***toutes*** *félicités.* ***Tout*** *ce que je veux, c'est que* ***tous*** *ceux que j'aime soient là.*

Tout (nom)

Un tout, des touts. Il s'accorde comme n'importe quel nom : *Des* ***touts*** *indissociables.*

Tout (adverbe)

Il est invariable et signifie alors « tout à fait » : *Ils sont* ***tout*** *gentils. Les* ***tout*** *derniers jours. Elle est* ***tout*** *habile et* ***tout*** *agile.* ***Tout*** *malins qu'ils sont, ils se sont fait avoir.*

Cependant, pour des raisons d'euphonie, *tout* est variable devant un adjectif féminin commençant par une consonne ou un *h* aspiré : *Elle est* ***toute*** *perdue et* ***toute*** *hagarde.*

CHAPITRE 17

Cinq trucs pour accorder ses déterminants numéraux

Là encore, ce qui paraît compliqué est en réalité plutôt simple et mérite d'être dédramatisé ! Vous pouvez... compter sur nous !

LES DÉTERMINANTS NUMÉRAUX

Ils sont en général invariables : *quatre, sept, trente, quarante, soixante-dix-huit, mille...*

CENT

Cent s'accorde quand il est multiplié et non suivi d'un autre numéral : *deux* ***cents*** mais *deux* ***cent*** *trente-huit.*

VINGT

Vingt s'accorde quand il est multiplié et non suivi d'un autre numéral : *quatre-**vingts*** mais *quatre-**vingt**-dix.*

MILLIER, MILLION, MILLIARD

Millier, million, milliard s'accordent normalement. Ces nombres ne sont pas des adjectifs, mais des noms : ils prennent donc très logiquement la marque du pluriel : *trente* ***milliers****, dix* ***millions****, cent* ***milliards****.*

De même, *cent* et *vingt* multipliés s'accordent s'ils précèdent l'un d'eux : *deux cents* ***milliers****, quatre-vingts* ***millions****, huit cents* ***milliards****.*

LES PAGES ET LES ANNÉES...

Les années quatre-vingt, la page deux cent : invariables.

Dans ces expressions, *quatre-vingt* et *deux cent* ne sont pas des numéraux cardinaux, mais des ordinaux (ils donnent un rang : *la deux centième page*). Ils doivent donc rester invariables.

LE + ORTHOGRAPHE

Et le trait d'union dans tout ça ?

Dans l'écriture des nombres, on doit mettre un trait d'union uniquement si les deux numéraux sont inférieurs à *cent* et s'ils ne sont pas déjà reliés par la conjonction *et* :

√ avec trait d'union : *quatre-vingt-huit, trente-cinq, soixante-dix-neuf* ;

√ sans trait d'union : *deux cents, trois mille, vingt et un, trois cent mille cinq cent cinquante et un.*

CHAPITRE 18

Cinq trucs pour résoudre ses problèmes de conjugaison

La conjugaison française peut s'avérer difficile à apprivoiser, voire sauvage... notamment dans les emplois de ses temps et de ses modes. Il convient donc d'avoir quelques astuces en tête pour la dompter !

SUBJONCTIF PRÉSENT OU INDICATIF PRÉSENT ?

Certaines formes sont homophones aux présents de l'indicatif et du subjonctif : *je vois, tu vois, il voit/que je voie, que tu voies, qu'il voie.* Ce problème concerne les verbes suivants :

VERBES	INDICATIF PRÉSENT	SUBJONCTIF PRÉSENT
acquérir	j'acquiers, tu acquiers, il acquiert	que j'acquière, que tu acquières, qu'il acquière
asseoir	j'assois, tu assois, il assoit	que j'assoie, que tu assoies, qu'il assoie
conclure	je conclus, tu conclus, il conclut	que je conclue, que tu conclues, qu'il conclue
courir	je cours, tu cours, il court	que je coure, que tu coures, qu'il coure
croire	je crois, tu crois, il croit	que je croie, que tu croies, qu'il croie

extraire	j'extrais, tu extrais, il extrait	que j'extraie, que tu extraies, qu'il extraie
fuir	je fuis, tu fuis, il fuit	que je fuie, que tu fuies, qu'il fuie
mourir	je meurs, tu meurs, il meurt	que je meure, que tu meures, qu'il meure
rire	je ris, tu ris, il rit	que je rie, que tu ries, qu'il rie
voir	je vois, tu vois, il voit	que je voie, que tu voies, qu'il voie

Truc pour les distinguer : Remplacez la forme ambiguë par une forme non homophone.

- *Il souhaite que je le voie/vois.* = *Il souhaite que je vienne.* = subjonctif, donc *voie.*
- *Il est probable que je m'enfuie/m'enfuis.* = *Il est probable que je viendrai.* = indicatif, donc *m'enfuis.*

IMPARFAIT DE L'INDICATIF OU PASSÉ SIMPLE ?

Au 1er groupe, la 1re personne du singulier est quasi homophone à l'imparfait (*je chantais*) et au passé simple (*je chantai*).

✲ LE TRUC : Remplacez par un verbe du 3e groupe, où les formes ne sont pas homophones.
Soudain, je décidai/décidais de tout avouer. = *Soudain, je résolus de tout avouer* = passé simple, donc *décidai.*

FUTUR SIMPLE OU CONDITIONNEL PRÉSENT ?

À la 1re personne du singulier, le futur simple (*je chanterai*) et le conditionnel présent (*je chanterais*) sont quasi homophones.

✲ LE TRUC : Mettez le verbe à une autre personne (*tu*, par exemple), à laquelle l'ambiguïté disparaît.
J'aimerai/aimerais boire un café. = *Tu aimerais boire un café.* = conditionnel, donc *aimerais*.
J'aimerai/aimerais les cadeaux qu'il m'offrira. = *Tu aimeras les cadeaux qu'il t'offrira.* = futur, donc *aimerai*.

De même, soyez particulièrement attentif au système hypothétique :

- Un présent dans la subordonnée entraîne un futur simple dans la principale : *Si je peux, je* ***viendrai***.
- Un imparfait dans la subordonnée entraîne un conditionnel dans la principale : *Si je pouvais, je* ***viendrais***.

PARTICIPE PASSÉ OU INFINITIF ?

Parmi la multitude de forme en [e] du français, les hésitations et les erreurs sont très fréquentes entre participe passé (*chanté[e][s]*) et infinitif (*chanter*).

✲ LES TRUCS :

- Le verbe se met toujours à l'infinitif après les prépositions *à, de, par, pour, sans* : *Il ne faut pas vivre pour* ***manger****, mais manger pour vivre.*
- Quand deux verbes se suivent, le second se met à l'infinitif (sauf dans le cas où le premier est l'auxiliaire *avoir* ou *être*) : *Il faut* ***manger*** *pour vivre et non pas vivre pour manger.*

- Dans tous les cas, n'hésitez pas à substituer un verbe du 3e groupe : *Il faut **boire** pour vivre et non pas vivre pour **boire**.*

PASSÉ SIMPLE OU SUBJONCTIF IMPARFAIT ?

Ces deux formes littéraires peuvent poser problème à la 3e personne du singulier : le passé simple (*il chanta, il dit, il fut*) y est en effet homonyme de l'imparfait du subjonctif (*qu'il chantât, qu'il dît, qu'il fût*).

✲ LES TRUCS :

- Le subjonctif ne se trouve presque toujours qu'après la conjonction *que* : cela doit déjà vous alerter.
- Substituez à la forme problématique une forme de présent afin de lever l'ambiguïté : *Quoi qu'il fit/fît, il réussissait.* = *Quoi qu'il fasse, il réussissait.* = subjonctif, donc *fît.*

CHAPITRE 19

Quinze trucs pour accorder ses participes passés

Nous avons gardé le meilleur pour la fin : le roi des rois de la grammaire, à laquelle tant de Français ont refusé de faire allégeance : l'accord du participe passé... Et pourtant, ses édits, si durs soient-ils, requièrent juste un peu de méthode et de rigueur. Êtes-vous prêt(e) ? Alors, vive le roi participe passé !

CINQ TRUCS DE BASE

Le participe passé employé seul

Il s'accorde comme un adjectif. Utilisé comme épithète, à côté d'un nom ou détaché de celui-ci, le participe passé fonctionne comme un adjectif : *La foule* ***galvanisée*** *par l'orateur se met à hurler.* ***Galvanisée*** *par l'orateur, la foule se met à hurler.*

Avec l'auxiliaire être

Le participe passé employé avec l'auxiliaire *être* s'accorde toujours avec le sujet. *La foule est* ***galvanisée*** *par l'orateur. Mes parents seront* ***arrivés*** *en retard.*

Avec l'auxiliaire avoir

Sans COD

Le participe passé employé avec l'auxiliaire *avoir* ne s'accorde jamais avec le sujet...

*La foule a **hurlé**. Les manifestants avaient **défilé.***

Avec COD

Le participe passé employé avec l'auxiliaire *avoir* s'accorde avec le COD placé devant.

Dès que vous rencontrez un participe passé précédé de l'auxiliaire *avoir*, ça doit faire tilt dans votre tête : Y a-t-il un COD ?

- Non = aucun accord possible : *La chienne a **aboyé**.* (Pas de COD)
- Oui = le COD est placé derrière = pas d'accord possible : *J'ai **commis** une faute.*
- Oui = le COD est placé devant = accord avec le COD : La faute **que** j'ai **commise**. Ces fautes, je **les** ai **commises.**

✲ LE TRUC : Demandez-vous toujours : Ce dont on parle, est-ce que je le connais dès le début ? Si oui, alors j'accorde :
*Tu as **commis** **[**combien de fautes**]*** ? Je ne connais pas dès le début ce dont on parle = pas d'accord possible.
[*Combien de fautes***]** *as-tu **commises*** ? Dès le début je connais ce dont on parle (*les fautes*) = j'accorde mon participe passé.

Le participe passé des verbes impersonnels

Il est toujours invariable : *La pluie qu'il a **fait**. La neige qu'il est **tombé**. Les intempéries qu'il y a **eu**. Les efforts qu'il a **fallu**.*

CINQ TRUCS PLUS SUBTILS AVEC L'AUXILIAIRE AVOIR

Le participe passé des verbes de mesure...

...est invariable

Dans la phrase : *Les cent mètres qu'il a* ***couru***, le *que* n'est pas COD, mais complément circonstanciel de mesure (question « combien ? »). Le participe *couru* doit donc rester invariable.
De même : *les 20 Đ que ce livre a* ***coûté*** *; les trois heures que ce cours a* ***duré*** *; les 60 ans qu'il a* ***vécu*** *; les 65 kg qu'il a* ***pesé*** *dans sa jeunesse ; les 100 Đ que cette bague a* ***valu***.

...est variable

Les verbes ci-dessus, employés au figuré, peuvent se construire avec un COD (question « quoi ?) : le participe passé s'accorde donc avec celui-ci placé devant : *Les tourments que cette règle de grammaire m'a coûtés ; les risques que j'ai courus ; l'histoire d'amour qu'il a vécue ; les 3 kg de fraises qu'il a pesés ; les émotions que ce mariage m'a values.*

Le participe passé précédé du pronom en

Il est invariable. Le pronom *en* est considéré comme un adverbe ; quand il est COD placé avant le verbe, le participe reste donc invariable : *Des fautes, j'****en*** *ai* ***fait*** *!*

Le participe passé suivi d'un attribut du COD

Il s'accorde avec le COD placé devant. *Ces personnes que j'ai **trouvées** intéressantes. Ces opinions que j'ai **crues** justes. Ces prévenus, le juge les a **estimés** coupables.*

Le participe passé précédé du COD et suivi d'un infinitif

Deux cas peuvent se présenter :

- Le COD fait l'action de l'infinitif : on accorde le participe avec le COD : *Ces actrices, je les ai **vues** jouer.* (Les actrices font l'action de jouer.)
- Le COD subit l'action de l'infinitif : pas d'accord possible du participe : *Ces tragédies, je les ai **vu** jouer.* (Les tragédies ne font l'action de jouer, elles *sont* jouées.)

Quant au participe passé du verbe *faire* suivi d'un infinitif, il reste toujours invariable : *Cette robe, je l'ai **fait** recoudre.*

CINQ TRUCS POUR ACCORDER LE PARTICIPE PASSÉ DES VERBES PRONOMINAUX

Un verbe pronominal est un verbe qui se construit avec le pronom réfléchi *me, te, se, nous, vous*. Aux temps composés, il se conjugue avec l'auxiliaire *être*.

*Je **me** lave ; tu **t**'étais souvenu(e) : il **se** sera trompé ; nous **nous** fûmes écrit ; que vous **vous** soyez parlé ; elles **se** fussent aimées.*

Le participe des verbes « essentiellement » pronominaux

Un verbe « essentiellement » pronominal s'accorde avec le sujet et n'existe qu'à cette forme : *s'absenter, se souvenir, se fier, s'emparer, s'enfuir, s'immiscer...*

Dans ce cas, il s'accorde avec le sujet : *Ils se sont* ***blottis****, elle s'est époumonée, nous nous sommes* ***obstiné(e)s****...*

Le participe des verbes pronominaux de sens passif

Il s'accorde avec le sujet : *Ces revues se sont bien* ***vendues*** (elles ont été vendues) ; *cette pièce s'était* ***jouée*** *à guichets fermés* (elle a été jouée).

Le participe des verbes « accidentellement » pronominaux

Un verbe « accidentellement » pronominal peut exister sans le pronom réfléchi : *parler/se parler ; voir/se voir ; tuer/se tuer...*

Dans ce cas, il faut analyser le pronom réfléchi :

- S'il est COD, on accorde le participe avec ce pronom : *Ils se sont* ***lavés****.* (Ils ont lavé qui ? Eux-mêmes = *se* est COD, on accorde.)
- S'il n'est pas COD, on laisse le participe invariable : *Ils se sont* ***lavé*** *les dents.* (Ils ont lavé quoi ? *Les dents* = *se* n'est pas COD, on n'accorde pas.)

✲ LE TRUC : Finalement, tout fonctionne ici comme avec l'auxiliaire *avoir* : le participe s'accorde avec le COD placé devant ; sinon, il reste invariable.

Le participe des verbes pronominaux suivis d'un infinitif

L'accord fonctionne comme pour le participe employé avec *avoir* : le participe passé s'accorde avec le COD si celui-ci fait l'action de l'infinitif : *Ils se sont* ***laissés*** *aller/Ils se sont* ***laissé*** *avoir ; Elles se sont* ***vues*** *apprendre bien des leçons à leurs élèves/Elles se sont* ***vu*** *apprendre bien des leçons par leur professeur.*

LE + GRAMMAIRE

Certaines expressions contiennent un participe passé toujours invariable :

- Je l'ai échappé belle
- Il l'a pris de haut
- Ils se sont rendu compte de leur erreur
- Elles se sont fait fort de réussir
- Elle s'est fait l'écho de certaines rumeurs qui se sont fait jour

5

Vingt fautes courantes tous azimuts !

Les Français aiment leur langue, c'est un fait ; ils sont même fiers de ses coquetteries et de ses irrégularités qui font son charme irremplaçable... Ils l'aiment, mais ils la maltraitent ! Témoin ces vingt erreurs très courantes à ne plus faire !

☹ MALGRÉ QUE

Malgré est une préposition tout à fait correcte ; en revanche, la conjonction de subordination *malgré que* n'existe pas (même si certains écrivains l'utilisent, et parmi les meilleurs... Proust, par exemple !). On emploiera de préférence ***bien que, quoique.***

☹ ELLE S'EST PERMISE

Pour accorder le participe passé de ce verbe pronominal, il faudrait que le pronom *se* fût COD ; or, on permet quelque chose *à* quelqu'un, le pronom est donc COS, aussi le participe passé doit-il rester invariable : *Elle s'est* **permis** *bien des choses.*

☹ ILS VOYENT

Malgré le radicale *voy-* utilisé dans de nombreuses formes du verbe *voir*, la 3e personne du pluriel au présent de l'indicatif (et du subjonctif) est bien ***ils voient.***

☹ ILS CROIVENT

Sûrement analogique des formes *boivent, doivent*, la forme *croivent* est néanmoins un barbarisme : on doit dire ***ils croient.***

☹ L'EAU BOUERA, IL FAUT QU'ELLE BOUE

Le verbe *bouillir* est un verbe du 3e groupe tout à fait régulier (pour une fois !) : on dira donc au futur *L'eau* **bouillira** et au subjonctif *Il faut que l'eau* **bouille**.

☹ C'EST MOI QUI EST MALADE

Les tournures *c'est moi qui, c'est toi qui, c'est lui qui* sont équivalentes aux pronoms personnels sujets *je, tu, il*. On écrira donc *C'est moi qui* ***suis*** *malade, C'est moi qui* ***ai*** *raison*.

☹ CENT 'Z' EUROS

Comme nous l'avons vu, *cent* utilisé seul ne prend pas d'*s* : on dira donc ***cent 't' euros***. En revanche, on dira bien ***deux cents 'z' euros***. Notez au passage que le nom *euro(s)* en français s'accorde tout à fait normalement au pluriel.

☹ DONNE-MOI Z'EN

À l'impératif, évitez le pataquès (faute de liaison) faisant apparaître un *z* tout à fait inopportun ! Dans ces tournures, les pronoms *en* et *y* imposent l'élision du pronom personnel qui précède, quelque surprenantes que paraissent les formes obtenues : ***Donne-m'en, parlez-m'en, mets-t'y, installe-l'y.***

☹ PARLE-MOI PAS !

À la forme négative de l'impératif, les pronoms personnels compléments (*moi, toi, le, lui, nous, vous, les, leur*) remontent devant le verbe : ***Ne me parle pas, ne le dis pas, ne leur réponds pas***.

☹ ASSIS-TOI

Assis ne peut être que le participe passé ou le passé simple du verbe *asseoir.* À l'impératif, il conviendra de dire au choix ***Assieds-toi*** ou ***Assois-toi.***

☹ SOLUTIONNER, ÉMOTIONNER

Ces verbes (que l'on trouve déjà chez Zola !) sont à l'origine des barbarismes, créés sans doute par de petits paresseux qui ne voulaient pas avoir à se frotter aux conjugaisons pas toujours évidentes de ***résoudre*** et ***émouvoir*** !

☹ NOUS FESONS

Malgré la prononciation *fe-*, le verbe *faire* garde son *-ai-* à toute la conjugaison (***nous faisons***), sauf au futur simple (*je ferai, tu feras...*) et au conditionnel (*je ferais, tu ferais...*)

☹ SI JE POURRAIS, JE VIENDRAIS

La fameuse règle « les *si* n'aime pas les *rais* » est plus que jamais d'actualité ! Après le *si* d'une subordonnée de condition, on ne met jamais de conditionnel, réservé à la proposition principale : *Si je* ***pouvais***, *je* ***viendrais***.

☹ ELLE S'EST FAITE FAIRE UNE COULEUR

Comme nous l'avons vu, le participe passé du verbe *faire* suivi d'un infinitif est toujours invariable : *Elle s'est* ***fait*** *faire une couleur.*

☹ JE LES AIMENT

Le verbe s'accorde toujours avec son sujet… quel que soit le pronom qui se trouve entre les deux ! Ce *les* ne doit donc pas vous influencer pernicieusement : c'est bien moi qui aime dans la phrase *Je les* ***aime***.

☹ JE DOIS VOUS PARLEZ

Est-ce vous qui parlez dans cette phrase ? Non : *vous* est ici un pronom complément et ne peut donc entraîner l'accord du verbe *parler*. En cas de doute, n'hésitez pas à remplacer *parler* par un verbe du 3e groupe : *Je dois vous voir*. Donc : *Je dois vous* ***parler***.

☹ PARMIS, MALGRÉS

Nombre de « petits mots » (adverbes, prépositions) prennent un *s* final, vestige d'une règle de l'ancien français : *certes, d'ores et déjà, alors, lors, sans, à tâtons, à croupetons, à reculons*… Néanmoins ce n'est pas le cas de ***parmi*** (qui vient de *par* et *mi* « milieu ») ni de ***malgré*** (agglutination de *mal* et *gré*).

☹ SA VA

Qu'il est long et pénible d'aller chercher le ç sur son clavier de téléphone portable ! C'est ainsi que le déterminant possessif *sa* a la fâcheuse tendance, dans les textos – et hélas au-delà ! –, à remplacer le pronom démonstratif *ça*, seul acceptable dans la phrase ***ça*** *va*.

☹ COMME MÊME

Cette locution que l'on entend çà et là n'existe pas : il faut dire ***quand même***.

☹ DANCE, OFFENCE, LANGUAGE, ADDRESSE

De l'influence (pas toujours féconde) de la langue anglaise ! Nos voisins d'outre-Manche semblent s'être ingéniés à écrire avec une orthographe pour le moins exotique certains mots d'origine latine ou française : ***danse, offense, langage, adresse*** en sont quelques exemples flagrants.

Index

B